Sitzungsberichte
der Akademie der Wissenschaften
der DDR
Mathematik - Naturwissenschaften - Technik

6 N

1988

Fadenbildung und Faserstrukturen

Dem Wirken Wolfgang Bobeths gewidmet

AKADEMIE-VERLAG BERLIN

Sitzungsberichte
der Akademie der Wissenschaften
der DDR
Mathematik–Naturwissenschaften–Technik

Jahrgang 1988 · Nr. 6/N

Fadenbildung und Faserstrukturen

Dem Wirken Wolfgang Bobeths gewidmet

AKADEMIE-VERLAG BERLIN
1989

Festkolloquium der Klassen Chemie und Werkstoffwissenschaft der AdW der DDR anläßlich des 70. Geburtstages von Wolfgang Bobeth, Ordentliches Mitglied der Akademie der Wissenschaften der DDR am 18. Februar 1988

Herausgegeben im Auftrage
des Präsidenten der Akademie
der Wissenschaften der DDR
von Vizepräsident Prof. Dr. Heinz Stiller

ISBN 3-05-500 522-8
ISSN 0138-3965
Erschienen im Akademie-Verlag Berlin, Leipziger Str. 3–4, DDR-1086 Berlin

Lizenznummer: 202 · 100/356/89
Printed in the German Democratic Republic
Gesamtherstellung: VEB Druckhaus Köthen
LSV 1235
Bestellnummer: 763 970 9 (2010/88/6/N)
00800

Inhalt

Manfred Rätzsch

Laudatio

Sehr verehrter Kollege Wolfgang Bobeth!
Werte Herren Vorsitzende!
Meine Damen und Herren!

Ich bin den Vorsitzenden der Klassen Werkstoffwissenschaft und Chemie dankbar, daß sie diese gemeinsame Sitzung zu Ehren des 70. Geburtstages von Akademiemitglied Wolfgang Bobeth, ehemaliger Direktor des Instituts für Technologie der Fasern (ITF) der Akademie der Wissenschaften der DDR, organisiert haben. Ich habe gern die Laudatio für diesen Anlaß übernommen, obwohl es sicher in diesem Kreis Kollegen gibt, die Wolfgang Bobeth länger als ich kennen und schätzen gelernt haben.

Ich bin Wolfgang Bobeth erstmals in Sitzungen unserer Akademie begegnet und erst viel später in Dresden.

Aber schon früher haben wir gemeinsam um die Anerkennung der Technologie als Wissenschaft gerungen, aus verschiedenen Positionen heraus, aber die Quelle dieser Erkenntnisse war die gleiche. Die Schule einer Industrietätigkeit führte zu dem Blick, der in der Industrieverbundenheit gipfelt. Unter Industrieverbundenheit meine ich die Problemerkennung, d. h. die Größe der Aufgaben zu verstehen, die Leistungen der Kollegen der Industrie zu schätzen, was aber auch das Recht gibt, die in der Industrie bestehenden Unvollkommenheiten nicht übersehen zu dürfen.

Nach Ihrem Studium an den Technischen Hochschulen im damaligen Breslau, Aachen und Dresden und einer Tätigkeit als wissenschaftlicher Assistent im Institut für Textil- und Papiertechnik an der TH Dresden gingen Sie in die Industrie, wo Sie mit all den interessanten aber auch komplizierten Aufgaben eines Wissenschaftlers und Leiters konfrontiert wurden.

Sie arbeiteten zunächst als Assistent und Betriebslaborleiter in der Löbauer Stückfärberei und später als Leiter des von Ihnen geschaffenen Zentrallaboratoriums der damaligen VVB Weberei II, Bautzen. Dieser Industrieeinsatz legte nicht nur den Grundstein dafür, daß Ihnen die Probleme der Textilveredlung auch künftig besonders am Herzen lagen, sondern prägten bereits den Typ des Technologen, der sich beharrlich sowohl für höchste Aktivität bei der Vorlauf- und Applikationsforschung einerseits als auch für die Steigerung des Tempos bei der Einführung neuer wissenschaftlicher Erkenntnisse andererseits einsetzte. Gerade weil die Textilveredlung als letztes Glied in der technologischen Kette zur Herstellung von Bekleidungserzeugnissen und Technischen Textilien auf die enge Kooperation mit voran und parallel geschalteten Disziplinen angewiesen ist, wußten Sie um die Bedeutung einer guten Kooperation mit angrenzenden Wissensgebieten und haben sich auf den verschiedensten Ebenen für deren Entwicklung und Verbesserung eingesetzt. Wie die Elastizitätsuntersuchungen am laufenden Faden, so sind die Probleme der Fadenpräparation und Textilveredlung auch heute noch – oder heute wieder? – hochaktuelle Themen der Forschung und Entwicklung. 1943 haben Sie mit einer Arbeit zum Thema „Elastizitätsuntersuchungen am laufenden Faden und am Fadenstück" promoviert, eine Thematik, die heute im Zeitalter der PUR-Seide und der Modalfaser noch so aktuell ist wie damals.

Durch Ihre wissenschaftlichen Arbeiten kamen Sie auch mit dem Ihre weitere Entwicklung prägenden und fördernden Wissenschaftler Walter Frenzel in Kontakt, der Sie dann auch an das von ihm neugegründete Institut für Technologie der Fasern der AdW holte. Hier arbeiteten Sie zunächst auf den Gebieten Textilprüfung und Faserstoffmikroskopie mit besonderer Betonung der Eigenschaftserfassung und -beeinflussung bei Glasfaserstoffen. Im Zuge des weiteren Ausbaues des Instituts wurden Sie 1952 zum Leiter der Abteilung Textilprüfung ernannt. Gleichzeitig erhielten Sie von der damaligen Technischen Hochschule Dresden einen Lehrauftrag für das Gebiet Chemiefaserstoffe. Waren Sie bis hierher als Industriepraktiker, Forscher und Lehrer tätig gewesen, so erhielten Sie im Zusammenhang mit einer befristeten Tätigkeit in den Jahren 1955/56 als wissenschaftlicher Mitarbeiter beim Ministerium für Leichtindustrie in Berlin einen vielfältigen Einblick in die Forschungsorganisation im Bereich der Leichtindustrie, speziell in der Textilindustrie. Sie habilitierten sich in dieser Zeit (1956) an der Fakultät Technologie der TH Dresden mit der Arbeit „Beiträge zur Verbesserung der Textilglasfaserprodukte".

Dem folgten 1957 die Ernennung zum Professor mit vollem Lehrauftrag für das Fach „Textile Rohstoffe und Textilprüfung" und 1969 zum Ordentlichen Professor für Textiltechnik.

1957 wurden Sie zum Direktor des Instituts für Textiltechnik der TH Dresden berufen, eine Funktion, die Sie bis 1971 hauptamtlich bekleideten. In diesen Zeitraum fällt auch eine zweijährige Tätigkeit (1960 bis 1962) als Dekan der Fakultät Technologie der TH Dresden.

Am 1. 4. 1959 wurden Sie zum Direktor des Instituts für Technologie der Fasern – zunächst nebenamtlich und von 1971 bis 1981 in hauptamtlicher Funktion – berufen. Die Wahl zum Ordentlichen Mitglied der AdW der DDR erfolgte 1967. Seitdem haben Sie als aktives Mitglied der Klasse Werkstoffwissenschaften und aus fachlichem Interesse auch in der Klasse Chemie mitgearbeitet.

Ihre Entwicklung und Konstellation als Forscher und Lehrer war geprägt von dem Ziel, wie Sie selbst formulierten, „den schöpferischen Ingenieur" auszubilden, „der seine wissenschaftlichen Grundlagen komplex anzuwenden versteht, der die tragende Säule bei der Gestaltung moderner Produktionsprozesse auf wissenschaftlicher Basis ist“ (Spektrum, 11/1973, S. 12), und ich erlaube mir zu ergänzen, und der diese Produktionsprozesse auch zu führen und zu leiten versteht. Sie haben versucht, diese Prämisse vorzuleben und als forschender Lehrer oder lehrender Forscher sowohl in Ihrer Tätigkeit an der TH bzw. TU Dresden als auch im ITF der AdW zu verwirklichen. Und wenn Sie 1973 weiter formulieren, „man sollte nicht so viel über den wissenschaftlichen Rang oder Stellenwert der Technologie diskutieren, sondern schnell ... fördern“, so ringen wir heute mit analogen Formulierungen um die Hochveredlung in der Chemie und um andere Schwerpunkte unserer Entwicklung. Daß solche Bemühungen nicht ohne Erfolg sind, auch wenn uns deren Verwirklichung oft zu langsam erscheint, das beweisen die Fortschritte in unserem Lande zur Technologie.

Auf der wissenschaftlich-methodischen Konferenz des Ministeriums für Hoch- und Fachschulwesen zur Ausbildung von Ingenieuren und Technikern für die stoffwandelnde und stoffverarbeitende Industrie, die am 5. und 6. Februar an der TU Dresden stattgefunden hat, wurden diese Prämissen formuliert, für die Sie und viele andere Wissenschaftler und Techniker unseres Landes sich eingesetzt haben.

Aus diesem Ihrem Verständnis für die Technologieentwicklung hat sich auch das Institut für Technologie der Fasern zu einer Forschungsstätte entwickelt, in der der technologischen Forschung der ihr gebührende Rang eingeräumt wurde, wodurch sich das Institut als Bindeglied zwischen der naturwissenschaftlichen Grundlagenforschung und der Industrieforschung nationale und internationale Anerkennung erwarb. Als Beispiel sei an dieser Stelle erwähnt, daß das Institut durch seine Forschungsergebnisse zur Herstellung und Verarbeitung von Glasfäden den Aufbau eines modernen volkseigenen Betriebes in Oschatz initiierte und seit dem maßgeblich zur Steigerung der Qualität der Glasseidenerzeugnisse beitrug.

Die folgerichtige Entwicklung des Schmelzspinnprozesses zu Synthesefasern – von Professor Beyreuther weitergeführt – und der Beginn der Duromerverbund- und Thermoplastverarbeitungstechnologie zeigen den Weitblick von Wolfgag Bobeth in der Konzeption des Instituts bis zu seiner Emeritierung.

Die Erziehung von Studenten und jungen Wissenschaftlern zu sozialistischen Leiterpersönlichkeiten mit einer politisch klaren Grundhaltung gegenüber unserer sozialistischen Entwicklung war immer ein Anliegen Ihrer Leitungstätigkeit.

Ich kann in diesem Rahmen die Inhalte und Ergebnisse Ihrer Forschung nicht umfassend darlegen. Herausheben möchte ich die Arbeiten auf dem Gebiet der Textilmikroskopie zur Kontrolle, Qualitätsüberwachung, Schadensaufklärung u. a., die Sie international bekannt gemacht haben. Ihre Untersuchungen über die Ursachen des Festigkeitsverlustes von Viskosecordseiden, bei denen Sie gemeinsam mit Kittelmann die Schwankungen der Festigkeit der Elementarfäden bestimmten und zu überraschenden Ergebnissen kamen, sind ein Beispiel gezielter Grundlagenforschung. Diese Ergebnisse haben zu den heute erkannten Einflüssen der Sauberkeit der Spinnlösung oder Schmelze auf die Fadenbildungsprozesse geführt. Erkannt ja, aber gelöst? Viele der derzeitigen oder nun auch beherrschten Probleme unserer Chemiefaserindustrie sind oder waren eben auf die ungenügende Reinheit oder Homogenität, z. B. der Schmelze, zurückzuführen.

Ob alle Ihre Konzepte, Überlegungen, Ziele und Gedanken aufgegangen sind, wissen Sie besser zu beantworten als jeder andere. Sicher hat es mancherlei Widrigkeiten und auch Enttäuschungen gegeben. Aber nur der, der den Mut hat, in wissenschaftliches Neuland vorzustoßen, wird auch die Grenzen erkennen. Meist geht es dann wie mit einer guten, einer kühnen Idee: Schwierig ist, es den Verständigen und Beteiligten zu erklären; noch schwieriger ist, selbst damit fertig zu werden; aber am schwierigsten ist, die Verständnislosen zu überzeugen.

Und wie hat es Professor Klare zu Ihrem 65. Geburtstag ausgedrückt: „... und manche Wahrheiten sind nicht billiger zu haben als um den Preis des ganzen Lebens!"

Die umfangreiche Tätigkeit in Klassen und Plenum unserer Akademie, im Forschungsrat der DDR, in der Kammer der Technik und im Auszeichnungsausschuß der Leipziger Messe ist eine weitere Seite der umfangreichen Tätigkeit von Wolfgang Bobeth zum Nutzen für unsere Volkswirtschaft.

Hervorzuheben ist Ihre aktive Arbeit in der Klasse Werkstoffwissenschaft, wo Sie mit Beiträgen und in den Diskussionen zur Entwicklung der Klasse beigetragen haben. Dazu gehören weiter von 1956 bis 1973 die Leitung des Zentralen Arbeitskreises für Forschung und Technik „Textiltechnik" und im Jahre 1962 die Berufung in den Forschungsrat, wo sie bis 1983 als Vorsitzender der Gruppe „Verarbeitungstechnik" (früher: Leichtindustrie) und Mitglied des Vorstandes des Forschungsrates tätig waren. Von diesen Positionen aus nahmen Sie wesentlich auf die Profilierung und Koordinierung der Forschungsvorhaben und gleichzeitig auch auf die proportionale Entwicklung und sinnvolle Kopplung der Forschungs- und Entwicklungskapazitäten der Textilindustrie, des Textilmaschinenbaus und der Chemiefaserstoffindustrie Einfluß. Ihre Persönlichkeit ist eng mit der Kammer der Technik der DDR verbunden, deren Mitglied Sie seit 1950 sind. 1957 ging die Funktion des Vorsitzenden des Fachverbandes Leichtindustrie (später: Textil – Bekleidung – Leder) der Kammer der Technik von Professor Sommer für die Dauer von mehr als 25 Jahren in Ihre Hände über. Auch in dieser Funktion verfolgten Sie beständig das Ziel, solche Organisationsformen für die sozialistische Gemeinschaftsarbeit zu finden und zu entwickeln, die die verschiedenen Wissenschaftsdisziplinen und Industriezweige bei der Lösung von volkswirtschaftlich wichtigen Problemen bestmöglich vereint.

Befragt, wie Sie das umfangreiche Arbeitspensum bewältigen konnten, sagten Sie (Spektrum, 4/1972, S. 24): „Ich tue es, weil es gebraucht wird."
Sie haben keine Ihrer Funktionen losgelöst von der anderen betrachtet oder einer einen Vorrang eingeräumt; jede gerade anstehende Aufgabe war die wichtigste, wobei sich die verschiedenen Betätigungsfelder gegenseitig gewinnbringend beeinflußt haben.
Noch heute arbeitet Wolfgang Bobeth regelmäßig im Institut, denn es ist ihm ein Bedürfnis, noch vieles von seinem umfangreichen Wissen und langjährigen Erfahrungen an die jüngere Generation weiterzugeben, sei es durch Vorlesungen im Fach „Textile Faserstoffe", durch die wissenschaftliche Betreuung von Ingenieurpraktikanten und Diplomanden oder im Rahmen der Gutachtertätigkeit bei Promotionsverfahren an der Fakultät Maschinenwesen der TU Dresden.
Die derzeitige Arbeit an einem Kompendium für Technologen mit dem Arbeitstitel „Beschaffenheit und Eigenschaften textiler Faserstoffe" wird Ihre Publikationstätigkeit abrunden, die mit über 150 Veröffentlichungen, Lehrbriefen für „Textile Faserstoffe" und „Textilprüfung" und einer Monographie über „Anorganische Textilfaserstoffe", die 1955 kollektiv erarbeitet wurde, zu Buche steht.
Für Ihre wissenschaftlichen und wissenschaftsorganisatorischen Leistungen wurden Sie mit hohen staatlichen Auszeichnungen geehrt: Nationalpreis (1964), Verdienter Techniker (1961), Vaterländischer Verdienstorden in Bronze (1974), die silberne und goldene Ehrennadel und die Ernst-Abbe-Medaille (1974), die höchsten Auszeichnungen der KDT.
Ich wünsche Ihnen an der Seite Ihrer Gattin alles Gute, beste Gesundheit und Glück im Kreise Ihrer Familie, für Ihr Kompendium noch viel Kraft und Beharrlichkeit.
Gestatten Sie, daß ich mit einem Gedanken abschließe, der mir zu diesem Ihrem Jubiläum geeignet erscheint: „Die Wissenschaft ist eine große Versuchung; sie kann Leidenschaft und Abenteuer sein. Sich mit ihr abzugeben, bringt Erfüllung und manchmal auch Verdruß. Meist ist es aber eine harte und anstrengende Arbeit."
Der Umgang mit objektiven Gesetzen wirkt dabei wohltuend in unserer oft subjektiv beschriebenen Welt. Erfolg und Mißerfolg wird damit verständlich und verkraftbar. Vielleicht ist es das, was uns an der Wissenschaft so fasziniert.
Mögen Ihnen noch viele Jahre Erfüllung und Faszination in der Wissenschaft gegeben sein!

Roland Beyreuther

Zur Theorie der Fadenbildung beim Schmelzspinnprozeß

Hochverehrter Wolfgang Bobeth!
Sehr geehrte Vorsitzende!
Meine sehr geehrten Damen und Herren!

Es ist eine große Ehre für mich, vor den beiden Klassen Chemie und Werkstoffwissenschaft unserer Akademie zu einem Thema vortragen zu dürfen, das seit nunmehr 20 Jahren vielen erfolgreich bearbeiteten Forschungsthemen des Dresdner Institutes das wissenschaftliche Fundament gegeben hat.
Unter dem langjährigen Direktorat des Jubilars, Akademiemitglied Wolfgang Bobeth, sind im Institut für Technologie der Fasern 1968 Arbeiten zur prozeßanalytischen Durchdringung des Schmelzspinnprozesses von Synthesefaserstoffen begonnen worden – übrigens von Anfang an in auftragsgebundener Forschung mit der Chemiefaserindustrie –, die bis heute, zwischenzeitlich immer wieder theoretisch, stofflich und technologisch systematisch auf verschiedene Applikationsdetails der Schmelzspinnprozesse gerichtet, eine wichtige Forschungslinie des Instituts für Technologie der Polymere bilden.
Damit erwies sie sich gleichsam – neben anderem – als eine Art Klammer, die sowohl in den bis 1984 gültigen Institutsnamen (Technologie der „Fasern") als auch in den heutigen (Technologie der „Polymere") voll einzuordnen ist, denn: Der Schmelzspinnprozeß von Synthesefasern ist ein Sonderprozeß der Polymerformgebung.
Die Technologieentwicklung zur Fadenherstellung eines Schmelzspinnfaserstoffes begann auf der Basis der 1935 geglückten Synthese von Polyamid 6. 6 aus Hexamethylendiamin und Adipinsäure durch Carothers. Sie wurde zunächst, wie dies bei den meisten fundamentalen Produktionsverfahren retrospektiv zu konstatieren ist, empirisch betrieben. Dies änderte sich auch nicht, als später – im Jahre 1940 durch Whinfield und Dickson – die Synthese für ein fadenbildungsfähiges Polyethylentherephthalat aus Ethylenglycol und Terephthalsäure als weiteres – und wie wir heute aus nachfolgender Verbrauchsentwicklung wissen – noch bedeutenderes Schmelzspinnpolymer gefunden worden war.
Hermann Klare hat uns in seinem Buch „Geschichte der Chemiefaserforschung" wissen lassen, wie die Forscher der ersten Stunde dieser Entwicklungen überrascht und fasziniert zugleich von der *Reckbarkeit* der mit einigen hundert Metern pro Minute ersponnenen Fäden waren, einem Phänomen, das durch Aufbringen einer Zugbelastung auf den Spinnfaden seine plastische

Verlängerung um mehrere hundert Prozent bei gleichzeitiger Verfestigung der Polymerstruktur gestattete und für den textilen Gebrauch auch notwendig machte. Die durch orientierungs- und spannungsinduzierte Kristallisationsvorgänge bewirkten strukturellen Änderungen in der Makromolekülanordnung des polymeren Festkörpers beim Reckprozeß waren in der Folgezeit vielfaches Ziel von vorwiegend mechanisch- und physikalisch-analytischen, aber auch von festkörpertheoretischen Untersuchungen zur Charakterisierung und Erklärung der bisher nur bei Fäden erreichbaren hohen Festigkeiten thermotroper Polymere.

Namen wie Bartenew, Perepelkin und Peterlin seien stellvertretend für eine Vielzahl von Polymerforschern genannt, die sich mit der Strukturaufklärung von Schmelzspinnfäden befaßten, deren Festigkeitsniveau, gemessen am Prüfwert der Bruchspannung, im Vergleich zum polymeren isotropen Festkörper aus dem gleichen Material – hier Polyamid 6 – aus Abbildung 1 entnehmbar ist.

Das erste wesentliche Ziel der theoretischen Durchdringung der Fadenbildung beim Schmelzspinnen war es, die polymerphysikalischen Zusammenhänge aufzuklären und zu beschreiben, die zu diesem besonderen anisotropen Strukturzustand führen. Die meisten Forschergruppen, die sich dieser Fragestellung – seit etwa 1960 beginnend – widmeten und die auch bis heute, angeregt durch die in den 70er Jahren entwicklungsseitig eingeleitete Technologieinnovation Schnellspinnen, weitergeführte Beiträge zur Theorie der Fadenbildung geleistet haben, sind dabei dem polymerphysikalischen Grundlagenforschungsaspket mit, bezogen auf die Ursache-Wirkungs-Zusammenhänge zwischen Technologieparametern und Fadeneigenschaften, phänomenologischer Ergebnisinterpretation verhaftet geblieben. Dies ist verständlich, da die entsprechenden Forschungen in der Regel aus akademischen Einrichtungen heraus relativ unabhängig von der Chemiefaserindustrie unter Stoffaspekt und nicht unter *Stoff-Technologie-Aspekt* durchgeführt wurden. Diese Tendenz herrscht auch heute noch vor. Für die Entwicklung der Theorie der Faden-

	Stangenmaterial Strangziehen	Faden wenig orientiert	Faden voll orientiert
Bruchfestigkeit [MPa]	~ 50	180 ... 200	500 ... 600
Bruchfestigkeit $\left[\frac{mN}{tex}\right]$		165 ... 175	450 ... 525

Abb. 1 Bruchfestigkeitsvergleich polymerer Festkörper in verschiedener Aufmachungsform. Werkstoff PA 6

bildung gibt es aber, verstärkt herausgebildet in den letzten 10 Jahren, einen weiteren Zielaspekt.

Während in den Anfängen der Chemiefaserproduktion in den 40er und 50er Jahren offensichtlich den Fragen der Verfahrens- und Arbeitsproduktivität keine besondere Bedeutung zugemessen werden mußte – sie waren ohnehin im Vergleich zur Fadenherstellung aus Naturfaserstoffen bei relativ niedrigen Löhnen für die Arbeitskräfte um ein Mehrfaches höher – änderten sich die Fragestellungen an die angewandte Grundlagenforschung in den 60er Jahren deutlich. Mit den erreichten Fortschritten bei der technischen Anlagen- und Maschinengestaltung, induziert von innovativen Entwicklungen im Chemieanlagenbau, der Automatisierungstechnik und bei leistungselektronisch gesteuerten Antrieben, waren Möglichkeiten zur deutlichen Steigerung der Spinngeschwindigkeiten gegeben, die, wollte man sie für die inzwischen interessant gewordenen Produktivitätssteigerungen nutzen, das Problem der Prozeßstabilität in den Vordergrund der wissenschaftlichen Betrachtungen rückte.

Wir können feststellen, daß dieses Problem und die daran zu knüpfenden Forschungsinhalte bis in die Gegenwart hohe Priorität behalten haben und daß von ihrer umfassenden Lösung weitere Fortschritte der mittlerweile bereits auf beachtlichem Niveau angelangten Technologiekonzepte – heute ist industriell das Schnellspinnen mit Spinngeschwindigkeiten von 3500 bis 5500 m/min eingeführt – abhängen werden.

Der Stabilitätsbegriff ist bei Fadenherstellungs- und -verarbeitungsverfahren eng mit dem Begriff des Fadenbruchs gekoppelt. Dies wird verständlich, wenn man die praktische Produktionserfahrung bedenkt, daß ca. 50% der in diesen Produktionsstufen eingesetzten Arbeitskräfte für die Beseitigung von Fadenbrüchen aufzuwenden ist. Besonders sensibel ist in dieser Beziehung, bedingt durch die hohen Fadenbildungsgeschwindigkeiten bei gleichzeitig minimalen Querschnitten der Elementarfäden, der Schmelzspinnprozeß, den man gewissermaßen als Scharfrichter für die kontinuierliche Formgebungsfähigkeit eines Thermoplasts unter extremen Bedingungen bezeichnen kann.

Im folgenden möchte ich versuchen, die bisher absolvierten Schritte bei der Ausarbeitung der Theorie der Fadenbildung beim Schmelzspinnprozeß zu charakterisieren, den erreichten Stand unter Einbeziehung einiger Applikationsbeispiele aus eigenen Arbeiten zu beschreiben sowie auf noch nicht gelöste Aufgaben aufmerksam zu machen.

Die Theorie der Fadenbildung, unter der wir das physikalisch-analytische Modell der komplex miteinander verbundenen geometrischen, mechanischen, thermischen und rheologischen Änderungsvorgänge der Schmelze vom Austritt aus der Spinndüse bis zum Erreichen der Verfestigungstemperatur verstehen wollen, ist, rückblickend gesehen, quasi mosaiksteinförmig von einer Reihe von Forschern in den letzten 30 Jahren erarbeitet und schließlich zum heute vorliegenden Gesamtbild zusammengefügt worden.

In Abbildung 2 sind zunächst die 4 grundsätzlich möglichen Prozeßrealisierungen im Fadenbildungsbereich nach der Spinndüse, unabhängig von der gewählten Spinngeschwindigkeit, schematisch angegeben: Spinnen eines monofilen oder eines polyfilen Fadens unter freier oder unter erzwungener Abkühlung, wobei letztere gewöhnlich durch einen Anblas-Querluftstrom erzeugt wird. Die meisten der bisher beschriebenen Untersuchungen beziehen sich auf den einfachen Fall des Monofilspinnens ohne, in einigen Fällen mit Queranblasung, die auch mit brauchbarer Genauigkeit auf den polyfilen Spinnprozeß mit Elementarfadenzahlen bis etwa 20 übertragbar sind. Industrierelevante Fragestellungen, z. B. nach Ursachen und quantifizierbaren Beeinflussungsmöglichkeiten der Querstreuung von Struktur- und damit textilphysikalischen Eigenschaftsparametern hochkapillariger polyfiler Fadenverbände, wie sie beim Stapelfaser- oder auch Kordspinnprozeß vorliegen, sind indessen nur zu lösen, wenn in das Fadenbildungstheorienkonzept die in derart hochkapillarigen polyfilen Fadenverbänden (Elementarfadenzahlen von einigen Hundert bis zu einigen Tausend, ersponnen aus *einer* Düse, werden realisiert) wirkenden thermischen und mechanischen Kollektiveffekte und ihre örtlichen Gradienten eingebunden werden.

Abbildung 3 zeigt die Fadenbildungsstrecke eines monofilen Schmelzestrahles unter Einbeziehung einer Queranblasung nach dem Düsenaustritt. Als unab-

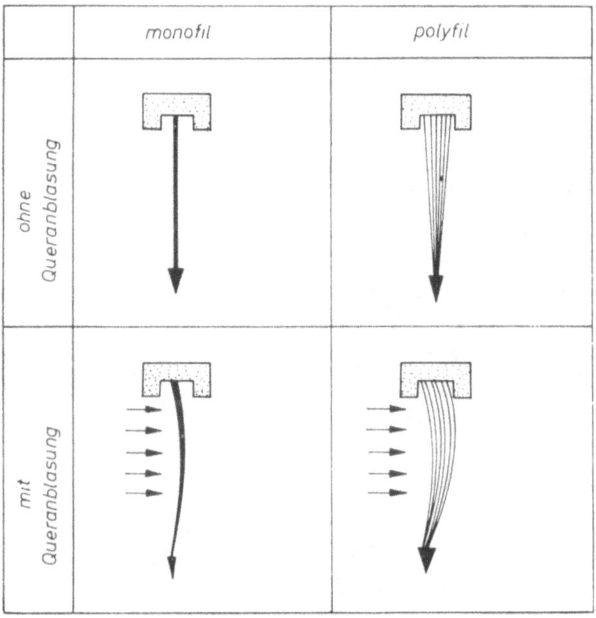

Abb. 2 Schema möglicher Prozeßrealisierungen im Fadenbildungsbereich

hängige Prozeßführungs- und Produktkenngrößen sind für die Modellbildung vorgebbar:

- Schmelzetemperatur T_S
- Molekulargewicht des Polymeren M_n
- Durchmesser der Düsenbohrung d_o
- Temperaturprofil der Umgebungsluft T_u
- Geschwindigkeitsprofil der Umgebungs- bzw. Anblasluft v_L
- Elementarfadenfördermenge $\dot{m}$
- Spinngeschwindigkeit v_s

Die Zielstellung für die theoretische und/oder experimentelle Untersuchung der Fadenbildung ist die Bestimmung folgender abhängiger Produkt-, d. h. Schmelzestrahl- oder Fadenvariabler, in ihrem Verlauf entlang der Fadenbildungsstrecke:

- Durchmesser d (x)
- Geschwindigkeit v (x)
- Zugkraft F (x)

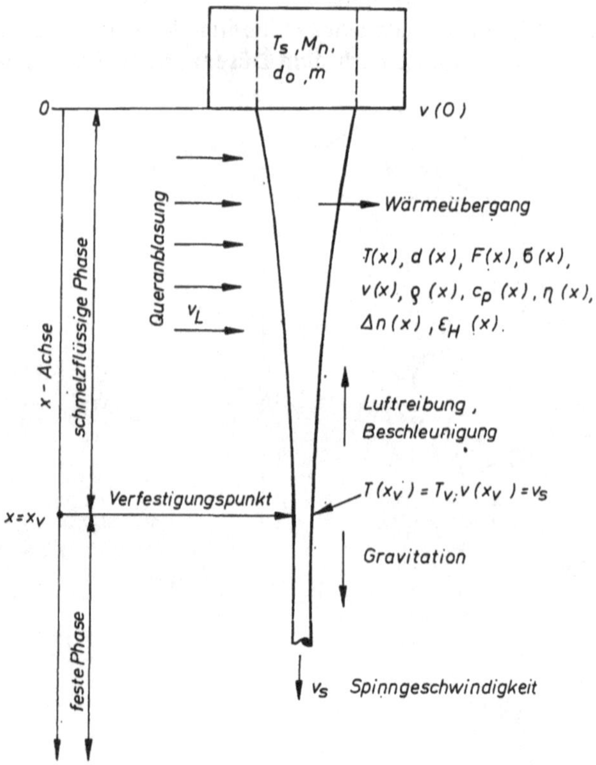

Abb. 3 Schema der Fadenbildung beim Schmelzspinnen

– Zugspannung σ (x)
– Temperatur T (x)
– Dichte ϱ (x)
– spezifische Wärme c_p (x)
– Viskosität und ggf. weitere rheologischen Eigenschaften η (x)
– Doppelbrechung oder ein anderes Maß zur Beschreibung der Orientierung Δ n (x), ε_H (x)
– Verfestigungspunkt am Ende der Fadenbildungsstrecke x_v

Folgende Näherungen, deren quantitativer Fehlereinfluß natürlich möglichst gut abgeschätzt werden muß, sind zunächst notwendig:

– Monofiler Faden, radialsymmetrisch, eindimensional
– stationärer Prozeß
– Vernachlässigung einer Rückwirkung der Strukturbildung auf den Fadenbildungsvorgang
– keine Strahlaufweitung

Die folgende Abbildung 4 zeigt, welche Kopplungen zwischen den einzelnen Schmelzstrahl- bzw. Fadenvariablen bestehen, die letztlich im Zuge der Modellbildung aufzuklären sind. Dabei sei im Vorgriff auf die später folgende Ergebnisinterpretation genannt, daß der Fadenbildungsvorgang in einem Schmelzspinnprozeß je nach Prozeßrealisierung nur 100 bis 400 ms dauert.
Die ersten, noch nicht einer Fadenbildungstheorie zuzurechnenden Untersuchungen galten der Verifizierung der Kontinuitätsgleichung (Abb. 5), die als Massenbilanz an jedem Punkt des Fadenbildungsweges erfüllt sein muß und die aus optischen Durchmessermessungen die Geschwindigkeits-Düsenab-

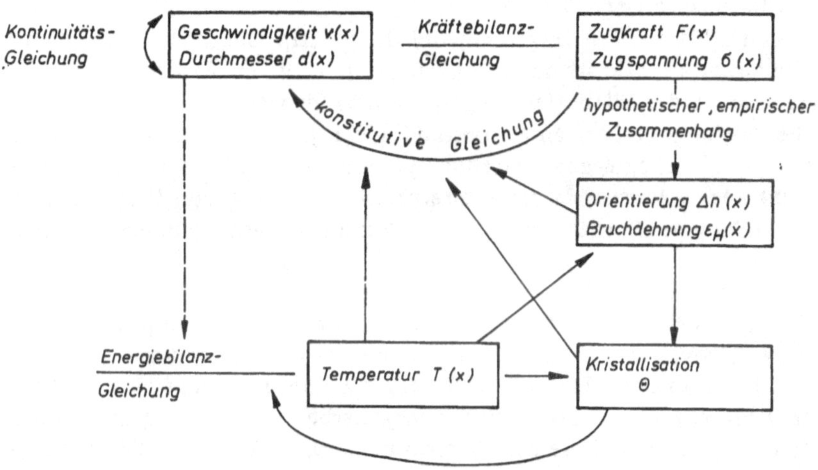

Abb. 4 Schema der gegenseitigen Kopplungen bei der Fadenbildung von Schmelzspinnpolymeren

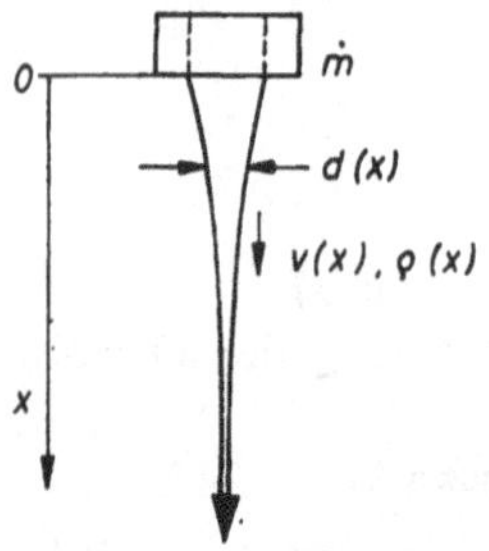

Gleichung:

$$\frac{\pi}{4} \cdot d^2(x) \cdot \varrho(x) \cdot v(x) = \text{const.} = m$$

Abb. 5 Kontinuitätsgleichung bei der Fadenbildung

stands-Abhängigkeit zu bestimmen gestattet. Das heute verfügbare vollständige Fadenbildungsmodell liefert den Durchmesser- und Geschwindigkeitsverlauf als Ergebnis der Kraft-, Energie- und Rheologiebilanzrechnungen automatisch mit. Eine Messung ist im Prinzip nur noch zur Nachprüfung der Modellgenauigkeit notwendig.

Den ersten wesentlichen Beitrag zur Fadenbildungstheorie lieferte Ziabicki [3], der bereits 1961 die Grundgleichung der Kräftebilanz am Faden qualitativ richtig angab (Abb. 6). Danach wird dem sich bildenden Faden beim Abzug eine mit wachsender Entfernung von der Spinndüse wachsende Zugkraft aufgeprägt, die sich aus 5 verschiedenen Teilkräften zusammensetzt:

- der rheologischen Anfangskraft F (x = 0)
- der Beschleunigungskraft ΔF_{inert} (x)
- der Luftreibungskraft ΔF_{aero} (x)
- der Oberflächenspannungskraft ΔF_{surf} (x) sowie der in Abzugsrichtung wirkenden
- Gravitationskraft der Fadenmasse ΔF_{grav}

Von diesen 5 Teilkräften tragen sowohl die Oberflächenspannungskraft als auch die Gravitationskraft quantitativ nur unter 1% zur Fadenzugkraft bei, weswegen sie in der Bilanzgleichung vernachlässigt werden können.

Zum Beschleunigungskraftanteil bestand viele Jahre Unklarheit bezüglich seiner physikalisch richtigen Fixierung. Während Ziabicki ihn mit $\dot{m}$ (v (x) − v (x = 0)) angab, tauchte in der Literatur 1964 und 1968 von Perepelkin [4, 5] sowie 1970 von Han [6], offenbar von Perepelkin übernommen, die Gleichung

$$1/2.\dot{m}(v(x) - v^2 (x = 0)/v(x))$$

auf, die für den Geschwindigkeitsbereich beim Schmelzspinnen praktisch die Hälfte des Ziabickischen Ansatzes bedeutete. 1980 konnte durch eine von Schöne [7] aus unserem Hause gemeinsam mit Kaufmann und Henkel (CFK Schwarza) durchgeführte physkalisch theoretische Untersuchung der Literaturirrtum aufgeklärt und die von Ziabicki angegebene Form als die für einen Freistrahl zutreffende bestätigt werden.

Unklarheit bestand auch einige Jahre über die Größe des Reibungsbeiwertes

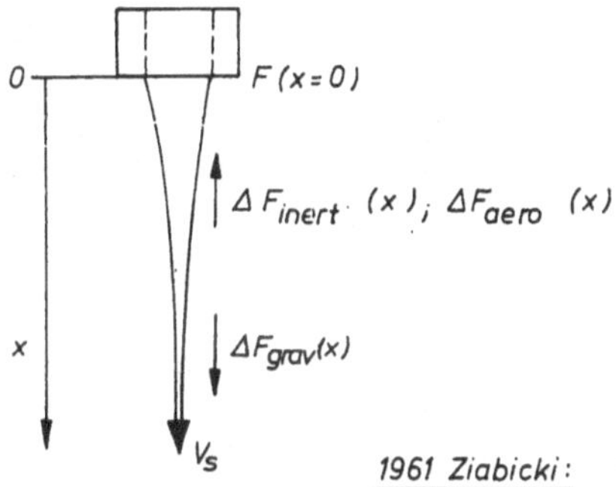

1961 Ziabicki:

$$F(x) = F(x=0) + \Delta F_{inert}(x) + \Delta F_{aero}(x) + \cancel{\Delta F_{surf}(x)} \cancel{- \Delta F_{grav}(x)}$$

$$\Delta F_{surf} \approx 0$$

$$\Delta F_{grav}(x) = \int_0^x \rho(x) \frac{\pi}{4} d^2(x)\, dx \quad \text{(sehr klein)}$$

$$\Delta F_{inert}(x) = \dot{m}\,(v(x) - v(x=0))$$

$$\Delta F_{aero}(x) = \int_0^x \pi \cdot d(x) \cdot v^2(x) \cdot c_f(x)\, dx$$

1961 Sakiadis	1968 Hamana, 1976 Matsui:
$c_f = \cdots \left(Re \cdot \frac{d}{L}\right)^{\cdots}$	$c_f = 0{,}37 \cdot Re^{-0{,}61}$
(zu klein)	(richtig)

Abb. 6 **Kräftebilanzgleichung bei der Fadenbildung**

c_f (x) im Integranden des Luftreibungskraftanteiles. 1961 wurde hierzu von Sakiadis [8] eine Beziehung angegeben, die, aus der laminaren Grenzschichttheorie abgeleitet, zu kleine Werte liefert.

1968 gab Hamana [9], von experimentellen Untersuchungen der Fadenzugkraft hergeleitet, auf der Dornbirner Chemiefasertagung die den gesamten Geschwindigkeitsbereich gut treffende Beziehung $c_f = 0{,}37 . Re^{-0{,}61}$ an, die 1976 durch Matsui [10] bestätigt wurde. Letzterer kam über theoretische Berechnungen der einen Monofilfaden umgebenden turbulenten Grenzschicht zum gleichen Resultat.

Zum Problem der Wärme bzw. der Wärmeübertragung vom Faden auf die Umgebungsluft wurde erstmals 1959 von Andrews [11] eine Bilanzrechnung auf der Basis der in Abbildung 7 angegebenen Differentialgleichung durchgeführt. Andrews bestimmte sogar bei vorgegebenem Durchmesserverlauf des Fadens den radialen Temperaturgradienten vom Fadenkern zur Fadenoberfläche. Er rechnete also zweidimensional.

In neueren Arbeiten wird in der Energiebilanzgleichung auch der Kristallisationswärmeterm berücksichtigt, der den Abkühlungverlauf verzögert. Letzteres Problem ist von besonderer Bedeutung zur Beschreibung der Fadenbildung bei sehr hohen Schnellspinngeschwindigkeiten. Es ist aber bis heute quantitativ noch nicht befriedigend gelöst, da es die Berechnung der während der Fadenbildung unter diesen hohen Deformationsbedingungen schon einsetzenden Kristallinität voraussetzt.

Eine generelle Schwierigkeit für die Berechnung des Fadentemperaturverlaufes stellte die exakte Bestimmung der die Dynamik des Wärmeübergangs bestimmenden Nußelt-Zahl Nu dar (Abb. 7). Es finden sich hierfür in der Literatur sehr widersprüchliche Angaben. Die zur Zeit am häufigsten verwendete Beziehung von Kase u. Matsuo [12], bereits 1965 formuliert, bildet die Nußelt-Zahl durch die Verknüpfung der beiden unterschiedlichen Reynolds-Zahlen für die Strömungsbedingungen quer und längs zur Fadenachse. Damit werden aber, wie Schöne 1980 nachwies, die Verhältnisse im düsennahen Raum, der an Industriespinnstellen immer anblasfrei gestaltet

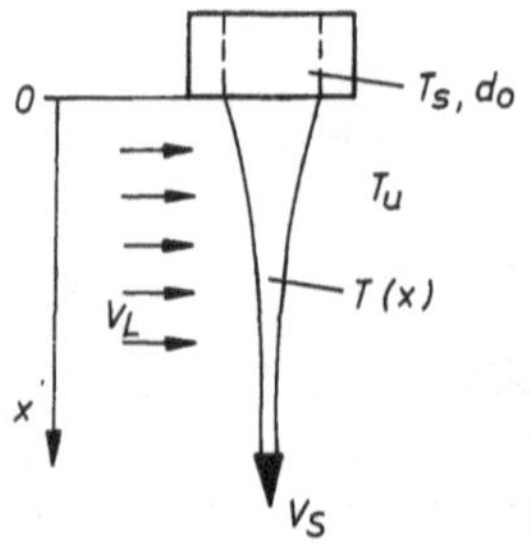

Gleichungen: 1959 Andrews:

$$\frac{dT}{dx} = \frac{\pi \cdot k^{*} \cdot (Nu)}{\dot{m} \cdot c_p} (T_u - T(x)) + \underbrace{\frac{\Delta H}{c_p} \cdot \frac{d\Theta}{dx}}_{\text{Kristallisationswärme}}$$

$$Nu = 0{,}42 \cdot Re_{\parallel}^{0{,}33} \cdot \left[1 + \left(\frac{8\, Re_{\perp}}{Re_{\parallel}}\right)^2\right]^{0{,}167}$$ 1965 Kase/Matsuo

Für PA 6:

$$Nu = 0{,}91 \left[\frac{\dot{m}}{g/min}\right]^{-0{,}21} \cdot \left[\frac{d_0}{mm}\right]^{-0{,}27} \cdot \left[\frac{V_S}{m/min}\right]^{0{,}05}$$ 1980 Schöne

$$T(x) \approx T_u + (T_S - T_u) \cdot \exp\left[-\frac{\pi \cdot k^{*} \cdot Nu \cdot x}{\dot{m} \cdot c_p}\right]$$

Abb. 7 Wärmebilanzgleichung bei der Fadenbildung

werden muß, falsch wiedergegeben. Schöne [13] fand eine Näherung (Abb. 7), die eine Abkopplung des Abkühlungsproblems von den übrigen Änderungsabläufen während der Fadenbildung ermöglichte und die Fadentemperatur in der Fadenbildungszone als Exponentialfunktion nachbildet.

Ein großes, bis heute nicht vollständig gelöstes Problem bei der Entwicklung der Fadenbildungstheorie ist die Auswahl bzw. die Aufstellung einer geeigneten konstitutiven Gleichung sowie die Ausstattung dieser Gleichung mit polymerspezifischen, temperaturabhängigen Modellparametern wie Dehnviskosität η und Relaxationszeit τ. Der einfachste, erstmals von Kase und Matsuo 1967 [12] bzw. Hamana 1968 [9] für Modellrechnungen benutzte, aber auch gegenwärtig noch häufig verwendete Ansatz ist die Annahme einer Newton'schen Flüssigkeit ($\tau = 0$, Bild 8). Die Dehnviskosität als Proportionalitätsfaktor zwischen Verformungsspannung δ und Deformationsgeschwindigkeit dv/dx ist dabei nur von der Temperatur abhängig – die Temperaturabhängigkeit wird durch die Arrheniusgleichung beschrieben. Nachteil dieser Beschreibung ist die Extrapolation der gemessenen Temperaturabhängigkeit im Schmelzebereich bis weit hinein in den Festkörperbereich.

Daraus folgen zu niedrige Viskositäten im Festkörperbereich, die wiederum die willkürliche Annahme eines Viskositätssprunges am sogenannten Verfestigungspunkt x_v bedingen. Die Verfestigungstemperatur T_v ist für Spinngeschwindigkeiten bis ca. 4000 m/min mit der Glasumwandlungstemperatur

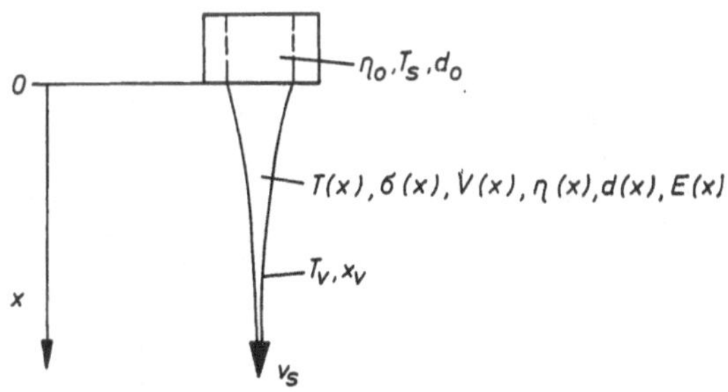

Gleichung v. Maxwell-Typ:

$$\sigma + \tau \cdot v \cdot \frac{d\sigma}{dx} = \eta \cdot \frac{dv}{dx}$$

$\tau = 0$ (Newton'sches Verhalten)

$\eta = \eta_0 \cdot \exp(E/d \cdot T)$	für $T > T_V$	1965 Kase/Matsuo
$\eta = \infty$	für $T < T_V$	1968 Hamana
$\eta = E(\sigma) \cdot \tau(T)$		1980 Schöne
$\eta \sim \exp\left[\frac{E}{d(T-T_0)}\right]$	WLF-Form	1986 Spruiell

Abb. 8 Konstitutive Gleichung I zum rheologischen Verhalten

identisch, also für PA 6 in der unkonditionierten Schmelzeform· ca. 50 °C, für PETP ca. 80°C.
1980 wurde in einem eigenen Ansatz nicht-Newton'sches Verhalten (Maxwell Modell) mit einem Viskositätsausdruck in der Form $\eta = E(\delta) \cdot \tau(T)$ mit gutem Erfolg benutzt, wobei gleichzeitig der elastische Dehnungsanteil als Maß für die Orientierung interpretiert wurde [13].
In neueren Arbeiten, so 1986 bei Spruiell [15] und auch bei uns bei der Gestaltung des später noch kurz zu benennenden Fadenbildungskataloges [18], wird die Viskosität nach der den gesamten Schmelze- und Festkörperbereich einheitlich ohne Sprung beschreibenden WLF-Gleichung *(Williams, Landel, Ferry)* nachgebildet (Abb. 9).
Die Viskositäts-Temperatur-Abhängigkeit ist aber nur ein Teil der konstitutiven Gleichung. Sie allein würde noch nicht für eine geschlossene Berechnung der erreichten Orientierung der Makromoleküle im Festkörper ausreichen (Abb. 10).
Dazu ist 1968 von Hamana und Matsui [9] der Ansatz

$$\Delta_n = \text{const.} \cdot \varrho\,(T_v)$$

Arrhenius-Gleichung:

$$\eta \sim \exp\left(\frac{E}{R \cdot T}\right)$$

WLF-Gleichung:

$$\eta \sim \exp\left(\frac{E}{R\,(T - T_V + \Delta T)}\right)$$

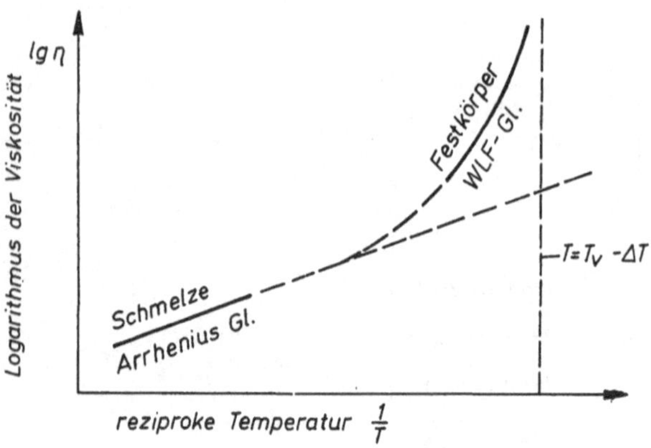

Abb. 9 Temperaturabhängigkeit der Viskosität

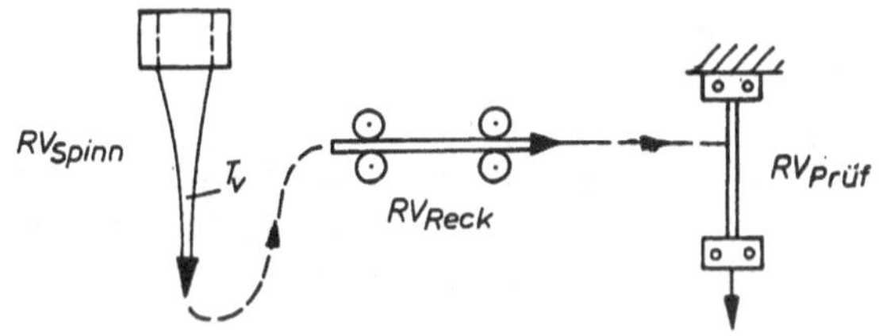

Gleichung:

$\Delta n = const \cdot \sigma\,(T_V)$
für PETP: $const = 10^{-9}\ Pa^{-1}$ — 1968 Hamana/Matsui

$RV_{Spinn} \cdot RV_{Reck} \cdot RV_{Prüf} = RV_{max}$ — 1980 Schöne (PA 6); 1980 Jakob/Schröder (PETP)

$RV_{max} = 7{,}5 \ldots 10{,}0$ (molekulargew. abhängig)

RV_{Spinn} wird aus elastischem Verformungsanteil ε_0 bestimmt:

$$\frac{d\varepsilon_0}{dx} = \frac{1}{E(\varepsilon_0)} \cdot \frac{d\sigma}{dx}$$

$$RV_{Spinn} = \exp \varepsilon_0$$

Abb. 10 Konstitutive Gleichung II zum rheologischen Verhalten

vorgeschlagen worden. Hamana, der übrigens als erster geschlossene Modellrechnungen bis zu Eigenschaften des ersponnenen Fadens für den klassischen Spinnprozeß geführt hat, postulierte damit die Proportionalität zwischen Doppelbrechung und der Zugspannung des Fadens bei der Verfestigungstemperatur, also, geometrisch gesehen, der Spannung bei der Entfernung nach der Spinndüse, bei der die Fadenbildung beendet ist.

Wie sich später herausstellte, ist dieser Zusammenhang nur für niedrige Spannungen, die beim klassischen Schmelzspinnen bis ca. 1000 m/min auftreten, gültig [14], und er ist nur auf Polyester, nicht aber auf PA 6 wegen der dort auftretenden feuchtigkeitsinduzierten Nachkristallisation anwendbar. Ein geschlossener Berechnungsalgorithmus, der gleichermaßen die Verhältnisse über den gesamten klassischen und Schnellspinnbereich bis ca. 6 000 m/min richtig beschreibt und der außerdem die textilphysikalischen Fadenkennwerte Bruchdehnung ε_H, Bruchfestigkeit R_H sowie im ersponnenen Faden noch steckendes Restreckverhältnis bis zu seiner vollen Orientierung vorauszuberechnen gestattet, wurde 1980 von Schöne [13] für PA 6 aufgestellt: Statt der in bestimmten Orientierungsbereichen nur wenig sensibel ansprechenden Doppelbrechung Δ_n wurde die Bruchdehnung ε_H als Orientierungsmaß benutzt und die zwischenzeitlich vielfach bewiesene Hypothese von der *konstanten* orientierungsprägenden Gesamtdehnung eines Schmelzspinnfadens aufgestelt. Wenig später wurde diese Hypothese von Jacob/ Schröder auch für PETP ähnlich postuliert.

Die von Schöne formulierte Hypothese hat 3 Teile:

a) Für die Schmelzspinnpolymere PA 6 und PETP ist das maximal erreichbare Reckverhältnis näherungsweise konstant, d. h., das orientierungsprägende Dehnverhältnis vom Spinnen bis zum Bruch des Fadens kann maximal, molekulargewichtsabhängig, etwa 7,5 bis 10,0 betragen. Es wurde gefunden, daß dieser Maximalwert unabhängig davon ist, ob die Orientierungsdehnung in einem ein- oder mehrstufigen Prozeß, in zeitlich unmittelbar aufeinanderfolgenden oder in größeren Zeitabständen voneinander getrennten Schritten aufgeprägt wird.

b) Die erreichte Orientierung des Fadens und damit sein noch realisierbares Restreckverhältnis bis zum Bruch ist durch die am Verfestigungspunkt auf den Faden einwirkende Zugspannung $\sigma (x_v) = F (x_v)/Tt$ bestimmt.

c) Die physikalische Bruchspannung σ_B eines Fadens als Quotient aus Bruchkraft und Bruchfeinheit bzw. -querschnitt ist für PA 6 und PETP eine materialspezifische Konstante. Sie liegt, molekulargewichtsabhängig, im Bereich von 500 bis 800 mN/tex bzw. 600 bis 900 MPa für PA 6 oder ca. 700 bis 1 100 MPa für PETP.

Mit dem bis hierher vorgestellten Theoriekonzept, das im Energiebilanzteil auch die anblasluftbedingte Änderung der Nußelt-Zahl berücksichtigt, ist es möglich, den Fadenbildungsverlauf von monofilen und polyfilen Schmelzspinnfäden mit geringer Elementarfadenzahl (d. h. Feinseide) im Spinngeschwindigkeitsbereich von 500 bis 6 000 m/min zu berechnen.

In unserem Dresdener Institut haben wir dies im Vergleich zu japanischen, polnischen und USA-Forschergruppen in den letzten Jahren mit abweichender und gewissermaßen weitergeführter Grundzielstellung getan. Die Fadenbildungstheorie wurde auf verschiedene industrielle Applikationsziele angewandt, die vor allem im Zusammenhang mit den großflächig vorbereiteten, zwischenzeitlich realsierten Investvorhaben „Schnellspinnen" in den Betrieben Schwarza und Guben des Chemiefaserkombinates Schwarza gelöst werden mußten.

Hierbei haben unsere langjährigen Industriebindungen einerseits stimulierend für die Weiterentwicklung der Theorie gewirkt, andererseits konnten der Industrie wissenschaftliche Grundlagen für den als intelligenzintensiv einzustufenden Schmelzspinnprozeß bereitgestellt werden, die über das einfache Verfahrens-know how entscheidend hinausreichen.

Über die kooperative Mitarbeit bei der Vorbereitung, Anfahrunterstützung und Stabilisierung der Anlagen hinaus wurden die gewonnenen Ergebnisse in einem 2bändigen „Fadenbildungskatalog" zusammengestellt (Abb. 11). Als know how- und know why-Sammlung des Schmelzspinnens in Form von Diagramm- und Tabellendarstellungen wurde für die Faserstoffe PA 6 und PETP eine nutzerfreundliche Ergebnis-Präsentation von umfangreichen phy-

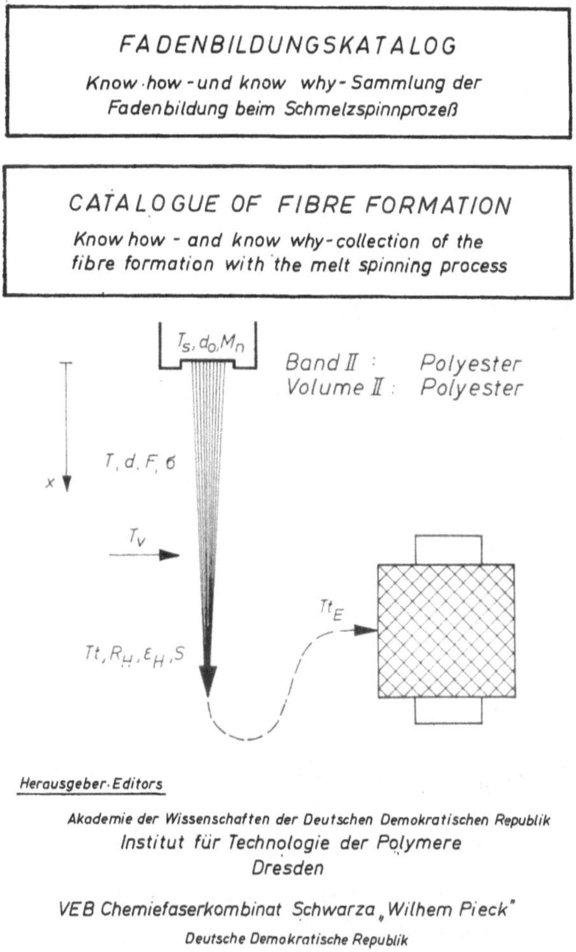

Abb. 11 Titelbild des Fadenbildungskataloges, Band II, Polyester

sikalisch-analytisch Modellrechnungen zur Fadenbildung erarbeitet, die sowohl wissenschaftliche als auch industriell angewandte Fragestellungen zu beantworten vermag und, belegt durch eine Reihe von IMEX-Verkäufen, auch im Ausland Interesse gefunden hat.

Nachfolgend sollen beispielhaft einige Aussagemöglichkeiten von Modellrechnungen demonstriert werden, wie sie aus dem PETP-Band des Kataloges entnommen wurden:

Abbildung 12 zeigt die Verläufe der Fadenkennwerte Durchmesser, Zugkraft, Spannung und Temperatur in Abhängigkeit vom Spinndüsenabstand bei Spinngeschwindigkeiten im klassischen Bereich von 1 000 bis 1 600 m/min.

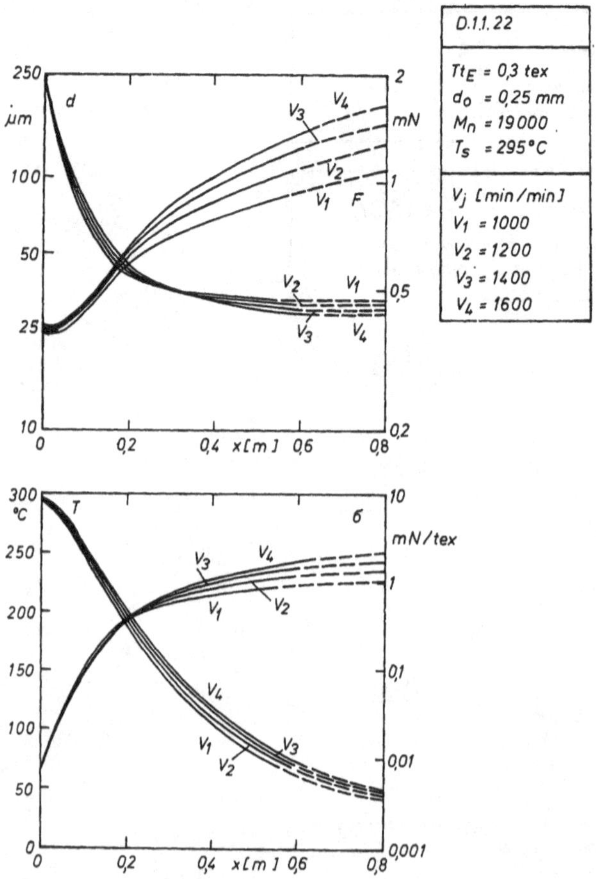

Abb. 12 Beispielblatt aus FBK, Band II; Verläufe verschiedener Fadenvariabler bei Spinngeschwindigkeit 1 000 bis 1 600 m/min

Wie ersichtlich, sind die Verläufe relativ stetig. In Abbildung 13 sind die gleichen Änderungsverläufe für den Schnellspinnbereich von 4 000 bis 6 000 m/min dargestellt. Deutlich sind sowohl beim Durchmesser- als auch beim Spannungsverlauf eng begrenzte Zonen schärferer Gradienten der Kurven zu erkennen, die sich beim Schnellspinnen im heute vorerst nur im Labor testweise versuchten Höchstgeschwindigkeitsbereich über 6 000 m/min noch weiter verstärken.

Aus diesen Verläufen sind über die Modellalgorithmen auch die resultierenden textilphysikalischen Fadeneigenschaften Bruchdehnung ε_H, Bruchfestigkeit R_H, im Falle von PETP der Schrumpf S, die Verfestigungstemperatur T_v, der Verfestigungspunktabstand x_v, die Spannung σ_{Tv} am Verfestigungspunkt und schließlich die Fadenbildungszeiten t_{Tv} und t_S berechenbar (Abb. 14).

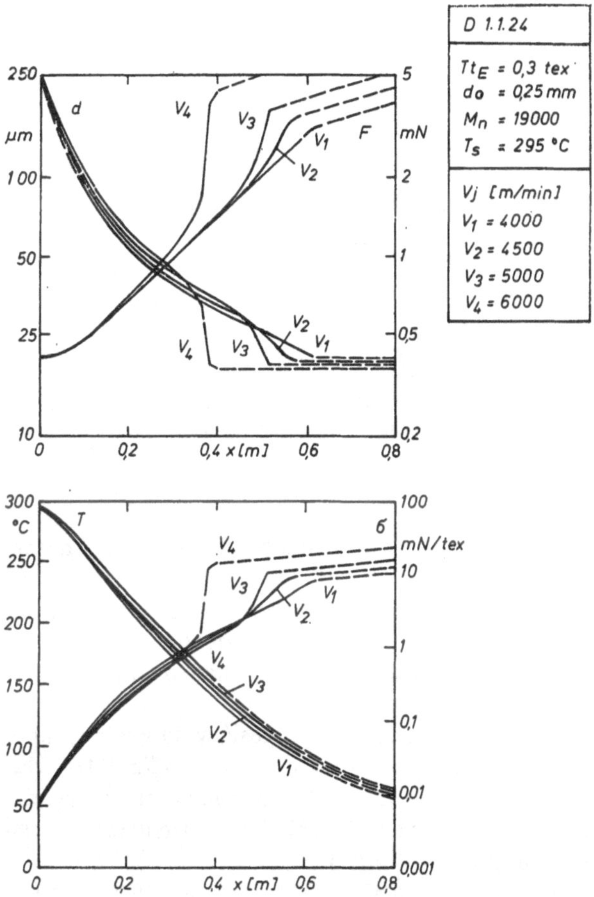

Abb. 13 Beispielblatt aus FBK, Band II; Verläufe verschiedener Fadenvariabler bei Spinngeschwindigkeit 4 000 bis 6 000 m/min

Schließlich ist es auch möglich, Aussagen zu den Grenzen des Prozesses und seiner Reserven zu treffen. Abbildung 15 zeigt hierzu z. B. für den PETP-Spinnprozeß die Grenzen maximal und minimal erspinnbarer Elementarfadeneinheiten bei verschiedenen Spinnschachtlängen. Die obere Grenze zu stärkeren Fäden ist durch die thermische Bedingung gegeben, daß bei der Abkühlung des Fadens die Verfestigungstemperatur noch im Spinnschacht erreicht werden muß. Die untere Grenze zu feineren Fäden wird durch die Bedingung vorgegeben, daß die Spannung im Faden nach seiner Abkühlung unter die Verfestigungstemperatur infolge des weiter anwachsenden Luftreibungskraftanteils auf dem Weg zur Aufwickelmaschine nicht so hoch an-

Feinheit Elementarfaden voll orientiert: 0,3 tex (≙ d = 16,6 µm)
Düsenbohrungsdurchmesser d_0: 0,25 mm
Molekulargewicht M_n: 20 500
Schmelzetemperatur T_S: 285 °C

v_S [m/min]	$\dot{m}$ [g/min]	Tt [tex]	RRV -	ε_H [%]	R_H [mN/tex]	S [%]	T_V [°C]	X_V [m]	σ_{TV} [mN/tex]	t_{TV} [ms]	t_S [ms]
1 000	1,05	1,05	3,49	336	124	53	70	0,50	1,04	137	42
2 000	1,40	0,70	2,34	192	185	68	70	0,60	2,73	123	36
3 000	1,56	0,52	1,73	116	250	56	70	0,62	5,12	118	34
4 000	1,72	0,43	1,43	79	302	19	87	0,56	7,53	115	33
5 000	1,94	0,39	1,29	61	335	5	125	0,45	9,50	111	31
6 000	2,14	0,36	1,19	48	364	4	166	0,34	12,33	102	24

Abb. 14 Ausgewählte Berechnungsbeispiele FBK Band II, PETP

wachsen darf, daß etwa sekundär ein unkontrollierter Reckvorgang ausgelöst wird.

Zum Abschluß sei es gestattet, die noch weitgehend ungelösten Probleme der Fadenbildungstheorie zu nennen, die sowohl erkundenden Grundlagen- als auch industriellen Anwendungsforschungscharakter haben. Aus heutiger Sicht sind es 4 Problemstellungen:

a) Bei der weiteren Steigerung der Schnellspinngeschwindigkeiten über 6 000 m/min – Labortests bis 12 000 m/min sind literaturkundig [2] – verstärkt sich das bereits ab 5 000 m/min angedeutete Phänomen der sogenannten „neck-like"-Deformation, d. h. einer reckhalsähnlichen Deformation unmittelbar vor dem Verfestigungspunkt (Abb. 16).

Diese Erscheinung wurde bereits 1975 im CFK Schwarza für PA 6 beobachtet. Analoge Beobachtungen für PETP wurden 1979 von Perez und Lecluse publiziert [19] und seitdem wird diesem Phänomen in der Fachliteratur große Aufmerksamkeit geschenkt. Im Bereich der „neck-like"-Deformation wächst die Doppelbrechung stark an, was auf eine mit der Deformation verbundene Erhöhung der Spinnorientierung schließen läßt. Das Anwachsen der Doppelbrechung setzt sich aber auch nach dem Abschluß der Deformation fort. Dieser Effekt kann durch die orientierungsinitiierte Kristallisation erklärt werden. Die durch die hohen Spannungen bedingten hohen Orientierungen erhöhen die Kristallisationsgeschwindigkeiten um viele Größenordnungen im Vergleich zum isotropen Material, so daß der Kristallisationsprozeß in weniger als einer ms ablaufen kann. [17]

Gleichzeitig liegt wahrscheinlich in der offenbar schon kurz vor Abschluß der Deformation einsetzenden Kristallisation die Ursache für den plötzlichen Abbruch der Deformation; das heißt, die Strukturentwicklung führt

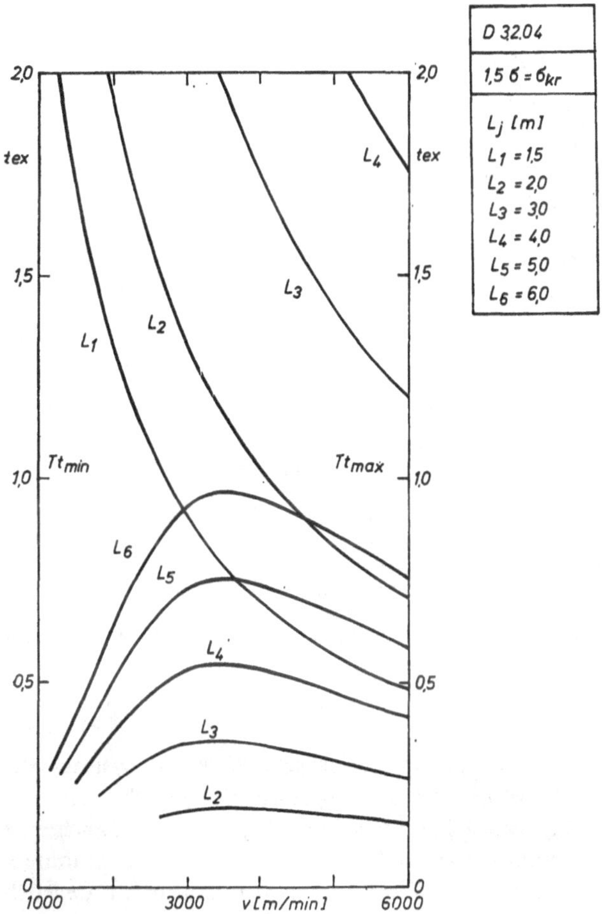

Abb. 15 Beispielblatt aus FBK, Band II; Feinheitsgrenzen der Fadenbildung im Schmelzspinnprozeß

zu einer starken Materialverfestigung. Die „neck-like"-Deformation wird etwa ab 5 000 m/min beobachtet und verschärft sich mit zunehmender Spinngeschwindigkeit. Die Ausprägung oder Schärfe der Erscheinung wird dabei von gegenläufigen Einflüssen geregelt. Einerseits führt die Erhöhung der Spinngeschwindigkeit über Erhöhung von Spannung, Orientierung und Kristallisationsgeschwindigkeit zu einem Einsetzen der Kristallisation bei höheren Temperaturen, d. h. niedrigeren Viskositäten und damit zu einer Verschärfung des Phänomens. Andererseits reduziert die Verschärfung des Reckhalses die zur Verfügung stehende Kristallisationszeit sowie den Luftreibungsanteil der Fadenspannung, so daß die Deformationsgechwindigkeit nicht über alle Grenzen hinauswachsen kann.

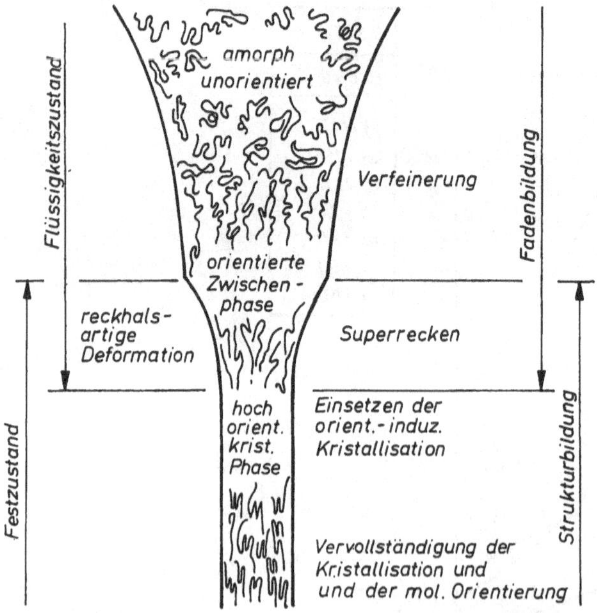

Abb. 16 Entwicklung der Elementarfadenstruktur längs der Spinnlinie im Hochgeschwindigkeits-Schmelzspinnprozeß. Nach [20]

Es liegt also ein kompliziertes vielgliedriges Ursache-Wirkungs-System vor, dessen eindeutige modellmäßige Quantifizierung noch nicht möglich ist.

b) Eine wesentliche, das Superschnellspinnen überhaupt erst ermöglichende Erscheinung, die mit der „neck-like"-Deformation ursächlich im Zusammenhang steht, ist die Verlagerung der Verfestigungstemperatur zu deutlich höheren Werten als der Glasumwandlungstemperatur des Polymeren und damit ein örtliches Heranrücken des Verfestigungspunktes an die Spinndüse. Damit wird mit der Erhöhung der Spinngeschwindigkeit eine Erhöhung der (temperaturabhängigen) spannungsinduzierten Kristallisationsgeschwindigkeit erreicht. In Konkurrenz dazu steht allerdings die Abnahme der zur Verfügung stehenden Kristallisationszeit, so daß, theoretischen Abschätzungen Ziabickis [2] zufolge, der im Faden sich ausbildende Kristallinitätsgrad als Produkt aus Kristallisationsgeschwindigkeit und Kristallisationszeit über der Spinngeschwindigkeit ein Maximum durchläuft.

Zur exakten physikalisch-analytischen Modellierung dieser genannten, heute im wesentlichen nur experimentell gefundenen bzw. gedeuteten Erscheinungen, ist es notwendig, die Kristallisation in das komplexe Fadenbildungsmodell einzubeziehen.

Hierzu gibt es derzeit erste Ansätze von Katayama [16] und von Spruiell

(1985) [15, 1], die aber sowohl von der theoretischen Begründung als auch von den Ergebnisaussagen her noch sehr unbefriedigend sind.

c) Ein weiteres Problem, das sich mit der Erhöhung der Spinngeschwindigkeit über 6 000 m/min verschärft, ist die Erhöhung der radialen Ungleichmäßigkeit verschiedener Fadenkennwerte über dem Querschnitt des Fadens. Hervorgerufen werden diese durch eine starke Erhöhung der Gradienten der Fadentemperatur, der Viskosität, der Fadenspannung sowie der Orientierung vom Kern des Fadens zu seiner Oberfläche. Schematisch ist dies in Abbildung 17 dargestellt. Die theoretisch fundierte Beschreibung dieser Erscheinung würde ein 2dimensionales Modell voraussetzen, wozu es bislang keine allgemeingültig nutzbaren Ansätze gibt.

d) Schließlich sei ein letztes, außerordentlich industrierelevantes Problem genannt, zu dessen Lösung wir im Institut für Technologie der Polymere Dresden seit 1986 ein Forschungsthema für das CFK Schwarza bearbeiten (Abb. 18). Es ist die Beschreibung der Fadenbildung von hochkapillarigen Fadenverbänden unter dem Einfluß von Queranblasung, wie sie beim Stapelfaser- und/oder Kordspinnprozeß mit Elementarfadenzahlen von mehreren Hun-

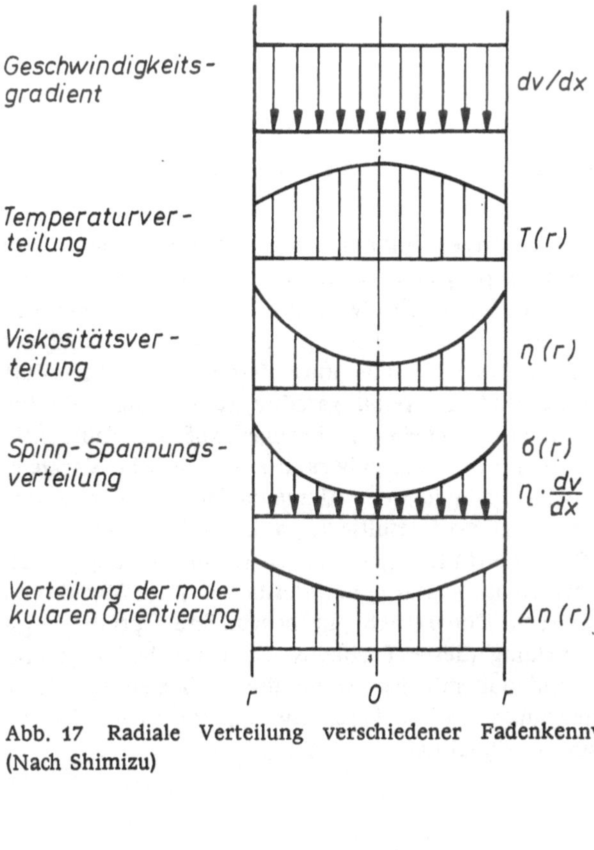

Abb. 17 Radiale Verteilung verschiedener Fadenkennwerte beim SSSW-Prozeß (Nach Shimizu)

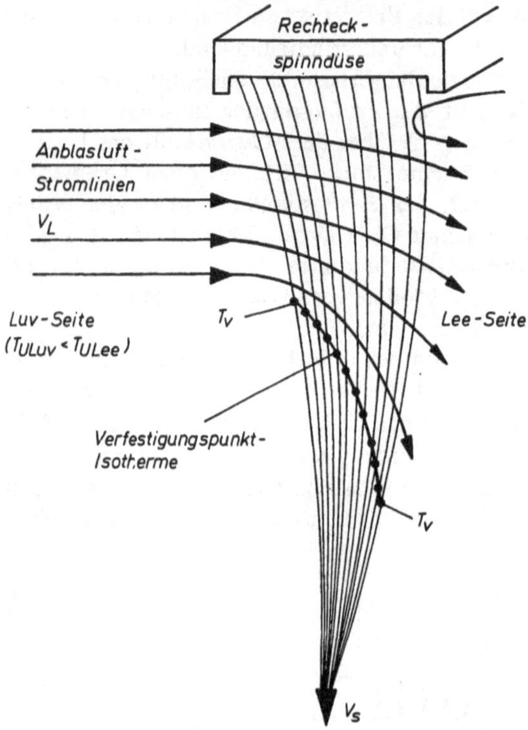

Abb. 18 Fadenbildung beim hochkapillarigen Schmelzspinnprozeß

dert bis über 1 000 aus einer einzigen Spinndüse vorliegt. Im Vergleich zum monofilen oder niederkapillarig polyfilen Schmelzspinnprozeß kommt es infolge thermischer und mechanischer Wechselwirkungen sowohl zwischen den einzelnen Elementarfäden als auch zwischen den Elementarfäden und der teils über die Anblasung zugeführten, teils mitgerissenen Umgebungsluft zur Abkühlungsverzögerung und Luftreibungsreduzierung. Diese Effekte sind in den einzelnen Elementarfadenebenen, bezogen auf die Anblasrichtung, sehr unterschiedlich ausgeprägt. Sie bewirken eine deutliche Veränderung der Lage der Verfestigungspunkte der Elementarfäden und der dort wirksamen Fadenspannungen. Daraus resultieren, wie bereits erläutert, natürlich unterschiedliche Elementarfadeneigenschaften (Querstreuungsproblematik), die in der Weiterverarbeitung stören und deshalb in ihrer Streubreite klein gehalten werden müssen. Theoretisch gut begründete Optimierungsvorgaben für eine Beherrschung dieses Problems unter gegebenen technischen Randbedingungen sind nur möglich, wenn die Einbeziehung dieser thermischen und strömungsmechanischen Wechselwirkungen in das bereits vorliegende Fadenbildungsmodell gelingt.

Literatur

[1] A. Ziabicki: Fundamentals of Fibre Formation, Wiley and Sons, London, 1976.
[2] A. Ziabicki u. H. Kawai: High-Speed Fiber Spinning, Wiley and Sons, New York, 1985.
[3] A. Ziabicki u. K. Kedzierska: Kolloid-Z. 179 (1961) 1, 14–27.
[4] K. E. Perepelkin: Chim. Volokna 6 (1964) 3, 14–27.
[5] K. E. Perepelkin: Chim. Volokna 10 (1968) 1, 3–12.
[6] C. D. Han: Rheologica Acta 9 (1970) 3, 355–365.
[7] S. Kaufmann, H. Henkel u. A. Schöne: Acta Polymerica 31 (1980) 11, 720–723.
[8] B. C. Sakiadis: AIChE J. 7 (1961) 26–28, 221–225, 467–472.
[9] I. Hamana: Lenzinger Berichte 26 (1968) 118–132.
[10] M. Matsui: Trans. Soc. Rheol. 20 (1976) 465–474.
[11] E. H. Andrews: Brit. J. Appl. Phys. 10 (1959) 39.
[12] S. Kase u. T. Matsuo: J. Appl. Polymer Sci 11 (1967) 251–287.
[13] A. Schöne: Chemicke Vlakna 32 (1982) 1, 25–41.
[14] M. Matsui in [2] 137–150.
[15] K. F. Zieminski u. J. F. Spruiell: Vortrag zur Internationalen Chemiefaserkonferenz in Peking, VR China, 18.–22. 11. 1985.
[16] K.-G. Katayama u. M.-G. Yoon in [2] 207–223.
[17] A. Ziabicki u. L. Jarecki in [2] 225–269.
[18] Fadenbildungskatalog Bd. 2, Institut für Technologie der Polymere Dresden der AdW der DDR und VEB Chemiefaserkombinat Schwarza „Wilhelm Pieck", 1987.
[19] G. Perez u. C. Lecluse: Vortrag zur 18. Internationalen Chemiefasertagung in Dornbirn, 20.–22. Juni 1979.
[20] J. Shimizu, N. Okui und T. Kikutani in [2], 441.

Detlev Geiß

Hochfeste, hochmodulige Fasern aus Polymerlösungen

Seit jeher waren technologische Probleme, wenn sie auf der Tagesordnung standen, immer auch Werkstoffprobleme und deshalb spielt bei der Installation der neuen Technologien, die die aktuelle wissenschaftlich technische Entwicklung prägen, eine neue Generation von Werkstoffen eine ebenso bedeutende Rolle wie die Mikroelektronik und die Biotechnologie. In der Luft- und Raumfahrt, in der Kraftfahrzeugtechnik, bei der Automatisierung industrieller Prozesse und in vielen anderen Bereichen werden heute Anforderungen an die Leistung und Zuverlässigkeit der eingesetzten Materialien gestellt, denen traditionelle Werkstoffe nicht mehr gewachsen sind.

Bei dem Bemühen, diese Forderungen zu erfüllen, treten seit geraumer Zeit Verbundwerkstoffe in Erscheinung, deren Basis hochfeste/hochmodulige Fasern sind. Anfangs wurden hier überwiegend anorganische Fasern eingesetzt, so insbesondere Glasfasern. In jüngster Zeit verlagert sich das Schwergewicht zunehmend auf synthetische Faserstoffe aus organischen Polymeren. Mit diesen wurde es möglich, in Eigenschaftsbereiche und damit in Einsatzgebiete vorzustoßen, die bisher als praktisch nicht erreichbar galten.

Im folgenden sollen, ausgehend von den grundsätzlichen Möglichkeiten, die Polymere für die Herstellung hochfester/hochmoduliger Werkstoffe bieten und auf der Grundlage der Gesetzmäßigkeiten polymerer Strukturbildung, die technologischen Prinzipien der Herstellung solcher Fasern entwickelt und gegenübergestellt werden. Dabei wird auch auf die wichtigsten Eigenschaften dieser Materialien eingegangen.

Dem Titel des Beitrages entsprechend, erfolgt eine Beschränkung auf solche Fasern, die aus Lösungen hergestellt werden. Der Schwerpunkt wird bei den flexibelkettigen, kristallisierenden, im herkömmlichen Sinne zur Fadenbildung geeigneten Polymeren liegen, wobei Polyethylen als bevorzugtes Beispiel dient. An verschiedenen Stellen wird es sich ergeben, Bemerkungen zu alternativen Spezialfasern wie z. B. den Aramiden zu machen, um den bei flexibelkettigen Polymeren erreichten Entwicklungsstand besser einordnen zu können.

Die mechanischen Eigenschaften synthetischer Faserstoffe zu verbessern, war seit jeher ein Zielpunkt der Polymerforschung. Schon sehr zeitig war das

Potential erkannt worden, das Polymere in dieser Hinsicht bieten. Carothers 1932 [1] und später Hermann Mark [2] in den 40er Jahren formulierten als eine Zielstellung der Polymerforschung den Festkörper, in dem die Macromoleküle mit ihren Kettenachsen parallel und ausgestreckt nebeneinander liegen. Dadurch können die kovalenten Bindungskräfte in Kettenrichtung voll zur Wirkung gebracht und die relativ schwachen Zwischenkettenwechselwirkungen außerhalb der Hauptbeanspruchungsrichtung des Materials gelegt werden. Bereits diese Pioniere der Polymerforschung erkannten die Notwendigkeit, chemische Struktur und physikalische Organisationsform als Einheit zu behandeln, um die den Polymeren innewohnenden Eigenschaftsreserven zu erschließen.

Trotz bemerkenswerter Erfolge bei den Bemühungen, die mechanischen Kennwerte synthetischer Fasern im Rahmen der traditionellen Prozesse der Faserherstellung zu verbessern – ich erinnere in diesem Zusammenhang nur an die Arbeiten zum Viskoseprozeß, die zur Entwicklung leistungsfähiger Kordseiden führten und an denen neben Professor Klare auch Professor Bobeth maßgeblichen Anteil hatte – muß insgesamt jedoch festgestellt werden, daß diese Erfolge weit unterhalb der theoretischen Möglichkeiten blieben.

Die Übersicht in der Tabelle 1 zeigt dies anhand der z. T. erheblichen Unterschiede zwischen den theoretischen Festigkeiten (Strength) bzw. Modulwerten (Modulus) zu den bei der Faserherstellung erzielten. Besonders extrem sind die Unterschiede bei PE, wo die erzielten Moduli bzw. Zugfestigkeiten weit unter den berechneten Werten bleiben. PE bietet andererseits wegen der auf den Molekülquerschnitt bezogenen theoretischen Festigkeitswerte besonders günstige Voraussetzungen für die Herstellung von Hochleistungswerkstoffen. Aber auch andere fadenbildende Polymere sind weit vom Optimum ihrer Eigenschaften entfernt.

Die in der Praxis auftretenden Grenzen bei großtechnisch hergestellten, fa-

Mechanical Properties of Polymers

Polymer	Theoretical		Commercial	
	Modulus (N/tex)	Strength (N/tex)	Modulus (N/tex)	Strength (N/tex)
PE	250–300	27–33	10	0,8
PP	35– 50	~20	12	0,8
PVA	180–200	~21	27	1,0
PAN	150	~19	17	0,8
PAM-6	~200	~28	5	0,9
PET	80–100	~23	11	0,9
ARAMID	130	23	90	2,0

Tab. 1 Theoretische und praktisch realisierte mechanische Eigenschaften ausgewählter polymerer Werkstoffe

denbildenden Polymeren eine weitere Eigenschaftsverbesserung zu erreichen, ergeben sich aus den Gesetzmäßigkeiten der physikalischen Strukturbildung flexibelkettiger, kristallisierender Polymere, zu denen es in den letzten beiden Jahrzehnten wesentliche Erkenntnisfortschritte gab. Die gewonnenen Erkenntnisse erklären die Diskrepanz zwischen theoretischen und praktisch erreichten Kennwerten. Sie nehmen aber auch gleichzeitig die Hoffnung, die Zielstellung, hochfeste-hochmodulige Werkstoffe, im Rahmen herkömmlicher Technologien zu erreichen.
Die Berücksichtigung dieser Gesetzmäßigkeiten führte anderseits zu neuen technologischen Prinziplösungen für die Herstellung von synthetischen Fasern mit denen die angestrebten Eigenschaftsverbesserungen weitgehend realisiert werden konnten.
Als eine wichtige Grunderkenntnis zum Strukturbildungsverhalten von Polymeren erwies sich, daß Makromoleküle mit flexiblen Ketten in Lösung und Schmelze Knäule bilden, wobei sich als unmittelbare Konsequenz die einzelnen Moleküle mehr oder weniger stark durchdringen und damit eine bestimmte, charakteristische Anzahl von Verhakungen und Verschlaufungen, sogenannten „entanglements", untereinander bilden, d. h., diese Moleküle zeigen von sich aus keine Neigung, gestrecktkettige Konformationen anzunehmen.
Die entanglements sind nach der Verfestigung flexibelkettiger Polymere bevorzugt in den ungeordneten Bereich der komplexen teilkristallinen Struktur eingebaut. Charakteristisch ist dabei das Nebeneinander von ungeordneten und kristallin geordneten Probenbereichen in speziellen übermolekularen Strukturen.
Das Grundelement dieser übermolekularen Strukturen ist die in sich zurückgefaltete Kette, deren Faltenhöhe die Dicke der lamellenartigen geordneten Bereiche bestimmt [3, 4]. Sie ist schematisch in der Abbildung 1 dargestellt.
Sphärolithe sind eine mögliche übermolekulare Struktur, die häufig auftritt. In diesen wachsen die Faltlamellen von einem Keim ausgehend, strahlenförmig nach außen, wie anhand einer elektronenmikroskopischen Aufnahme eines Polyamid-Sphärolithen in der Abbildung 2 zu sehen ist. Auch andere übermolekulare Strukturen, z. B. stapelförmig übereinander angeordnete Lamellenpakete, sind möglich.
Etwa 10% der Ketten der komplexen übermolekularen Struktur sind intrakristallin, sie gehören mehreren kristallinen Bereichen an und vermitteln deren Zusammenhalt. Beim Versuch in diesen teilkristallinen Strukturen durch mechanische Deformation, wie sie z. B. in herkömmlichen Polymerverarbeitungsprozessen auftritt, oder durch gezielte Nachreckung, eine Kettenstreckung zu erreichen, ist zu berücksichtigen, daß von den 10% der Ketten, die die geordneten Bereiche miteinander verbinden, wegen der unterschiedlichen freien Längen der Moleküle nur ein Bruchteil (ca. 3%) die Deformationskräfte überträgt [6].

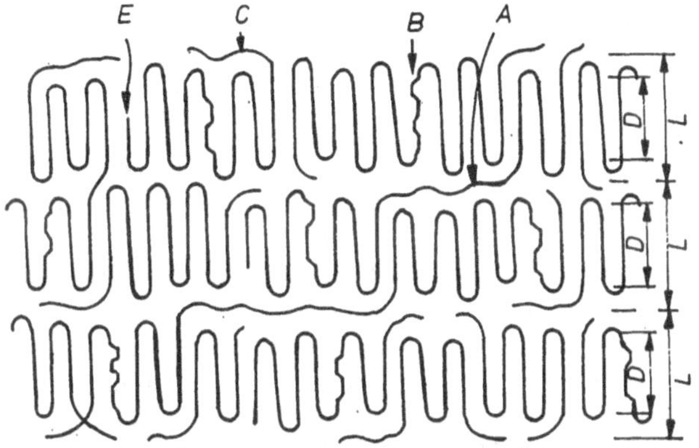

Abb. 1 Schematische Darstellung der Faltlamellen im teilkristallinen Festkörper nach Peterlin [5]
A interlamellares durchlaufendes Verbindungsmolekül,
B Grenze zwischen zwei Kristalliten innerhalb einer Lamelle,
C Kettenende, D Dicke der Lamellen (kristallin),
L Langperiode, D-L Dicke der amorphen Schicht,
E Kettenende im Kristall (Fehlstelle)

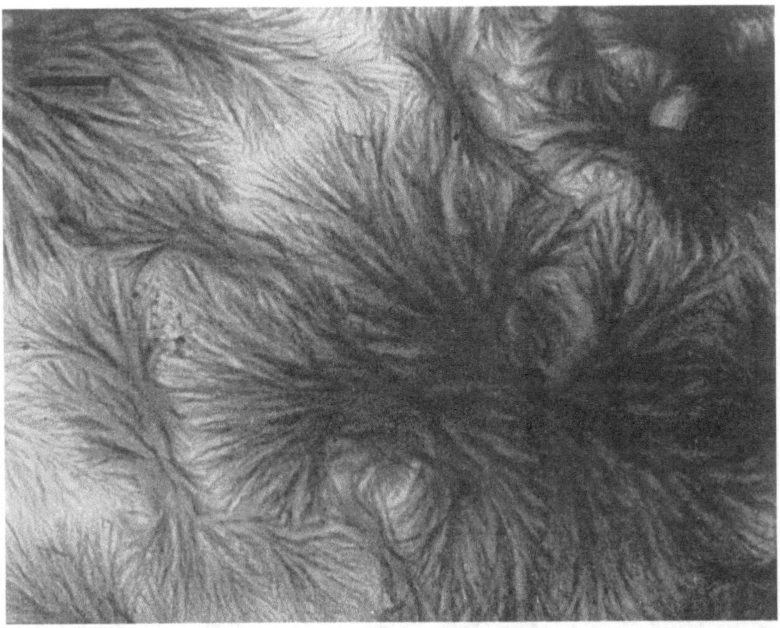

Abb. 2 Elektronenmikroskopische Aufnahme eines Polyamid-Sphärolithen, Maßstab 1 μm

Die Kraftübertragung und die dabei vollzogene Strukturumwandlung läuft modellmäßig so ab, daß die Kristallite der Faltlamellen der Ausgangsstruktur in Richtung der einwirkenden Kraft orientiert werden, so daß eine weitgehende Parallelisierung der Ketten, aber keine Kettenstreckung auftritt (vgl. Abbildung 3). Der Grad der erreichten Kettenstreckung entspricht dabei im wesentlichen dem geringen Prozentsatz lastaufnehmender Ketten zwischen den Lamellen, nur dieser liegt in gestreckter Konformation vor. Das Ergebnis eines solchen Reckvorganges zeigt schematisch die Abbildung 4 anhand eines Strukturmodells nach Peterlin [7].

Entscheidend ist, daß in diesen Strukturen wegen der großen Anzahl von entanglements der Zunahme der Anzahl gestreckter, durchlaufender Ketten enge Grenzen gesetzt sind. Der Versuch, den Anteil der durchlaufenden Ketten etwa durch Reckung weiter zu erhöhen, führt eher zum Kettenbruch als zum Erfolg.

Im Prinzip der Faltkristallisation und der großen Anzahl von Verhakungen und Verschlaufungen der Ketten untereinander liegt die unmittelbare Ursache für die Diskrepanz zwischen den theoretischen und den in der Praxis

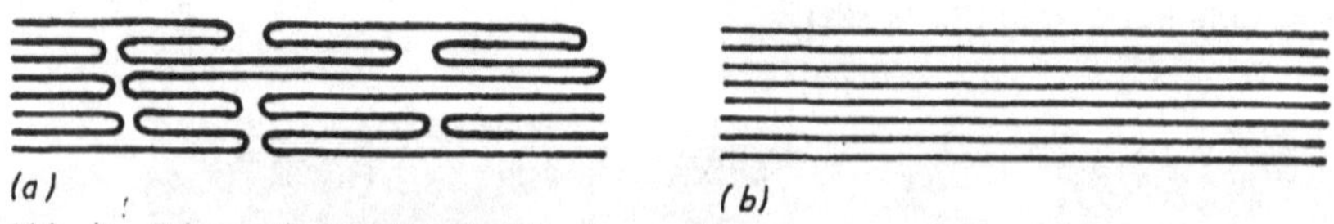

Abb. 3 Schematischer Vergleich einer orientierten, gefalteten (a) und einer orientierten, gestrecktkettigen (b) Kettenformation

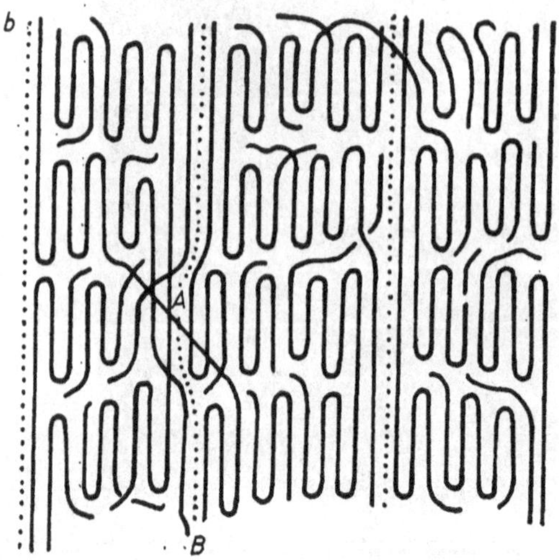

Abb. 4 Mikrofibrillares Modell einer Faserstruktur nach Peterlin [7]

der Faserproduktion erzielten mechanischen Kennwerten synthetischer Fasern.

Vor diesem sehr vereinfacht und nur in den Grundzügen dargestellten Hintergrund polymerer Strukturbildung lassen sich einfache, sehr allgemeine Konsequenzen ziehen bzw. Prinzipien angeben, bezüglich der Entwicklung und Herstellung hochfester-hochmoduliger Fasern aus solchen flexibelkettigen Polymeren.

1. Im Faserherstellungsprozeß ist entweder die Entstehung von Faltlamellen zu verhindern bzw. es sind Bedingungen zu schaffen, die eine gestrecktkettige Kristallisation erlauben, oder es sind
2. Bedingungen zu finden, die den Übergang der Faltlamellenstrukturen in gestrecktkettige Anordnungen ermöglichen. Nach dem bisher Gesagten heißt letzteres, daß das Haupthindernis der unzureichenden Reckfähigkeit, die große Anzahl der entanglements, zu beseitigen ist [8].

Beide Forderungen stehen im Gegensatz zu den bisherigen praktischen Erfahrungen bei der Faserherstellung.

Anderseits zeigt sich aber rückschauend, daß die inzwischen bekannt gewordenen Wege, hochfeste/hochmodulige Fasern auf Polymerbasis herzustellen, in unterschiedlicher Perfektion diese Forderungen erfüllt haben, auch wenn das den Erfindern ursprünglich nicht bewußt war und erst beim Versuch einer nachträglichen Systematisierung auffällt, weil eine Reihe von Ergebnissen empirisch gefunden wurden.

Die erste Forderung nach Verhinderung der Kristallisation in Form von Faltlamellen ließ sich prinzipiell auf unterschiedlichen Wegen erfüllen.

Naheliegend und daher auch zuerst genutzt ist der Weg über die Synthese, indem man räumlich komplizierter aufgebaute Monomereinheiten verwendet und zu mehr oder weniger starren Ketten verbindet.

Der Übergang zu starrkettigen Molekülen sprengt den für diesen Beitrag eingangs gestreckten Rahmen. Anderseits haben diese Materialien aber inzwischen eine so große ökonomische und technische Bedeutung erlangt, daß sie bei Vergleichen unbedingt zu berücksichtigen sind.

Die starrkettigen Polymere haben gegenüber den flexibelkettigen Polymeren einige prinzipielle Nachteile. Sie sind komplizierter aufgebaut und herzustellen und deshalb in der Regel teurer als die einfach aufgebauten flexibelkettigen Polymere. Sie haben bezogen auf den Molekülquerschnitt theoretisch schlechtere mechanische Kennwerte als diese. Zudem erfordert ihre Verarbeitung wegen des höheren Schmelzpunktes und des schlechten Lösungsverhaltens im allgemeinen erhebliche Aufwendungen.

Trotzdem zeigen einige ihrer Vertreter so bemerkenswerte Eigenschaften, daß diese Nachteile bei weitem kompensiert werden. Ihre mechanischen Kennwerte liegen weit über dem Niveau normaler Synthesefasern.

In der DDR werden im Institut für Technologie der Polymere (ITP) in Dresden und an der TU Dresden u. a. Copolymere des PETP, aromatische Polyester und aromatische Polyamide auf ihre Eignung für die Herstellung von Fasern mit speziellen mechanischen Eigenschaften untersucht.

Abgesehen von den Kohlenstoffasern, die eine gewisse Sonderstellung außerhalb der hier gewählten Systematik einnehmen, waren es zuerst Aramide mit starren Ketten, die zu Hochleistungsfasern auf Polymerbasis verarbeitet wurden. Das aromatische Polyamid „Kevlar" ist bisher der wichtigste eingeführte Vertreter dieser Substanzklasse [9].

Als ein Weg, die Faltlamellenbildung flexibelkettiger Polymere zu unterdrücken, hat sich die Scherbeanspruchung von Polymerlösungen während der Kristallisation erwiesen.

Unter bestimmten Bedingungen gelingt es, z. B. durch ein an eine PE-Lösung angelegtes Scher- oder Dehnfeld wenigstens partiell die Ketten zu strecken und im gestreckten Zustand zu kristallisieren. Das geschieht am Einfachsten durch Rühren der Lösung oberhalb der Temperatur T_R, bei der sich Faltlamellen bilden. Technisch vollkommener ist das nach einem Vorschlag von Pennings [11] in einer modifizirten Couette-Apparatur zu verwirklichen, wie sie die Abbildung 5 schematisch zeigt. Sie stellt eine Variante des auf unterschiedliche Weise zu realisierenden Prinzips dar, mittels Scherkristallisation aus einer Polymerlösung weitgehend gestrecktkettige, parallele Kettenformation herzustellen.

In einem zylindrischen Gefäß (growth vessel) rotiert in einer PE-Lösung mit konstanter Geschwindigkeit ein Zylinder (rotor). Ein „Saatfaden" (growing fiber) im Kontakt mit der Oberfläche des Rotors dient als Kristallisations-

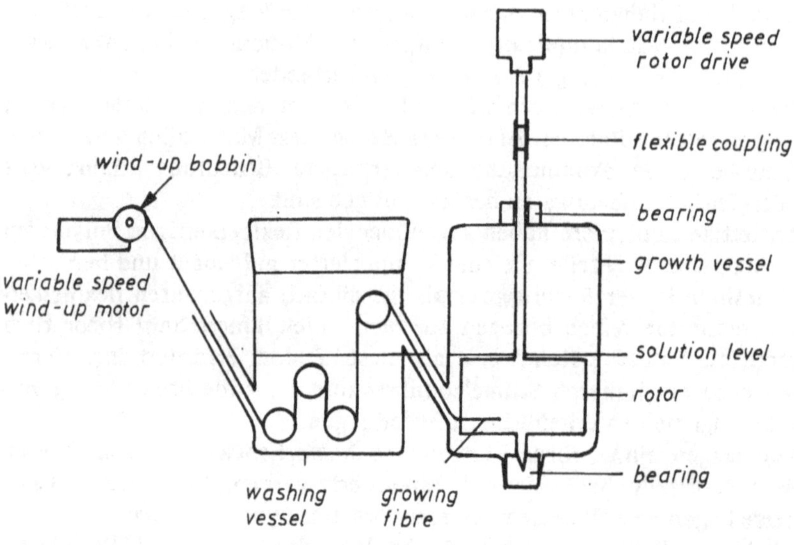

Abb. 5 Modifizierte Couette-Apparatur zur Herstellung hochfester/hochmoduliger Fäden nach dem Prinzip der Scherkristallisation [10]

keim für das durch die Rotorbewegung gedehnte und in eine gestrecktkettige Anordnung überführte Netzwerk der Kettenmoleküle an der Oberfläche des Rotors. Der entstehende Faden wächst unter bestimmten Prozeßbedingungen kontinuierlich und kann als endloser Faden aus der Lösung gezogen werden. Wichtig ist, daß diese Vorgänge oberhalb der eigentlichen Kristallisationstemperatur ablaufen.

Die Abbildung 6 zeigt die rasterelektronenmikroskopische Aufnahme eines solchen scherkristallisierten Fadens aus der Laborproduktion des IPOC. Diese Fäden weisen eine relativ große Knickempfindlichkeit auf, die einhergeht mit einer erhöhten Spleißneigung. Charakteristisch für die Scherkristallisaton sind sogenannte shish-kebab-Strukturen [11].

Das dazu entwickelte Strukturmodell (Abb. 7) zeigt, daß das Material in der Schmelze aus einem Anteil gestreckter Ketten besteht, der die Seele des Fadens bildet. Dieser kristallisiert auf die beschriebene Weise. An die gestrecktkettige Seele des Fadens kristallisieren außerhalb des Einflußbereiches

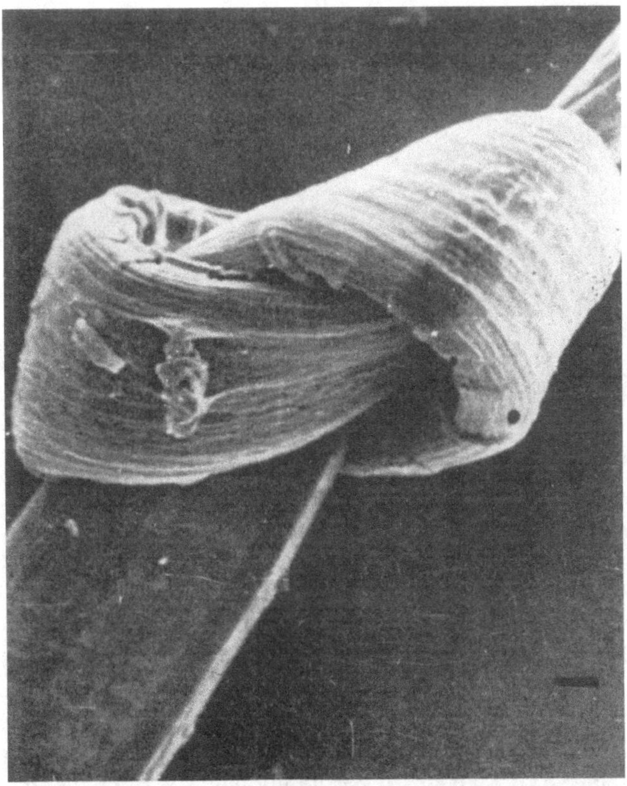

Abb. 6 Rasterelektronenmikroskopische Aufnahme eines scherkristallisierten Fadens, Maßstab 10 µm

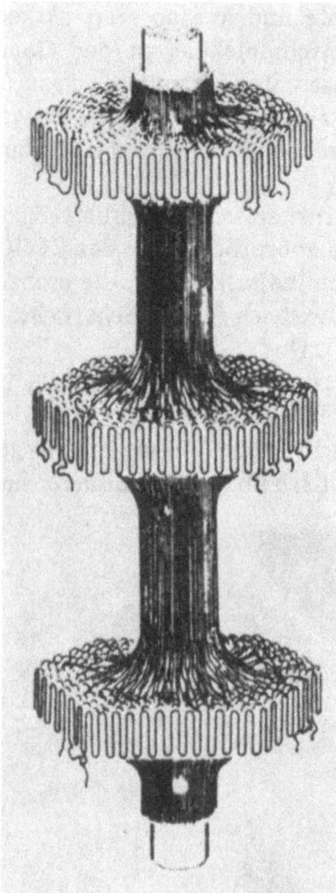

Abb. 7 Modell einer shish-kebab-Struktur

der Scherkräfte nachfolgend noch Moleküle in einer normalen Faltkristallisation an. Sie bilden seitliche, oft tellerförmige Aufwachsungen auf dem gestrecktkettigen Anteil. Es kommt also auch auf diesem Wege nicht zur Ausbildung einer vollständig gestrecktkettigen, parallelen Formation der Ketten, jedoch ist der Anteil gestreckter Ketten weit größer als in herkömmlichen Herstellungsprozessen, so daß eine entsprcchende Eigenschaftsverbesserung mit mechanischen Kennwerterhöhungen um wenigstens eine Größenordnung eintritt.

Im Institut für Polymerenchemie (IPOC) wurden mit einer solchen Couette-Apparatur Fäden hergestellt, deren Moduli oberhalb 120 GPa und deren Zugfestigkeiten oberhalb 2,5 GPa lagen. In Ausnahmefällen wurden 10 GPa Zugfestigkeit an nachgereckten Fäden erreicht. Das sind die höchsten, bisher bekannten Werte für derartige Fäden. Leider sind derzeit keine Mög-

lichkeiten erkennbar, dieses Herstellungsprinzip in ökonomisch interessante Produktivitätsbereiche zu bringen. Die Fadenabzugsgeschwindigkeiten liegen bei maximal 3 m/min.
Als das zweite denkbare Prinzip, hochfeste/hochmodulige Fasern zu erzeugen, war genannt worden, die Verhakungsdichte des Polymers im festen Zustand soweit zu reduzieren, daß reckfähige Systeme entstehen, bei denen das Haupthindernis auf dem Wege zur gestreckten Kette, die große Anzahl von entanglements, nicht mehr existiert. Hierzu sind in der Literatur verschiedene Wege beschrieben worden.
Im Zuge der Aufklärung des Strukturbildungsverhaltens von PE gelang es, einkristallähnliche Strukturen aus verdünnten Lösungen herzustellen. Stapel aus solchen Einkristallamellen haben eine sehr geringe Anzahl von entanglements. Sie sind aus diesem Grunde hochreckfähig. Aus ihnen wurden durch einachsige Verstreckung bei erhöhten Temperaturen bis 130 °C Materialien mit Moduli $>$200 GPa hergestellt [12].
Es zeigte sich, daß bei diesen Materialien die Eigenschaften mit steigendem Molekulargewicht des verwendeten PE's besser wurden, während es umgekehrt beim Recken schmelzkristallisierter PE-Fäden so ist, daß die erzielten Eigenschaftskennwerte mit steigendem Molekulargewicht absinken. Leider liegt auch für dieses Prinzip die erreichbare Produktivität weit außerhalb ökonomisch interessanter Bereiche.
Der entscheidende Durchbruch bei der Entwicklung hochfester/hochmoduliger Faserstoffe aus flexibelkettigen Polymeren gelang 1979 Smith und Lemstra [13] in Holland mit der Erfindung des sogenannten Gelspinnverfahrens. Mit diesem Verfahren wurde nicht nur das geforderte Eigenschaftsniveau für Hochleistungsfasern erreicht, sondern erstmals auch ein Weg gefunden, der für eine großtechnische Nutzung in Frage kam. Die wesentlichen Verfahrensschritte sollen anhand der Abbildung 8 näher erläutert werden.
1. Herstellung einer PE-Lösung, die bezüglich der in ihr vorhandenen Verknäulung der Moleküle optimiert ist. Praktisch erfüllen Lösungen ($<$ 10% Polymeranteil) aus extrem hochmoleklarem PE (UHMW PE HD) diese Bedingung. Solche Lösungen werden nach neuesten Erkenntnissen aus einer kalten Dispersion des Polymerpulvers in Dekalien in einem Extruder hergestellt [14].
2. Wichtigster Schritt des Verfahrens ist das Abschrecken (quenching) der heißen, bezüglich der Verknäulung der Moleküle optimierten Lösung zu einem thermotropen Gel. Der Gelzustand ist dabei dadurch ausgezeichnet, daß er die in der Lösung erreichte Entknäulung mechanisch stabilisiert, d. h. während der Verfestigung in ein physikalisches Netzwerk überführt.
3. Der nächste wichtige Verfahrensschritt besteht in der Entfernung des Lösungsmittels – es nimmt immerhin 90% des Fadenvolumens ein –, ohne daß die für die nachfolgende Reckung erforderliche optimale Struktur zerstört wird. Die optimale Verhakungsdichte darf weder durch partielle, d. h.

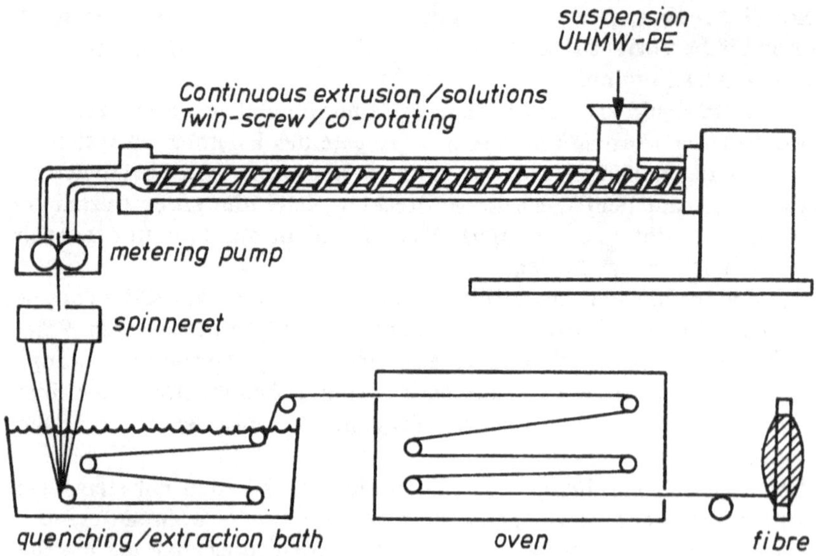

Abb. 8 Prinzipdarstellung einer Gelspinnanlage

lokale Aufschmelzvorgänge noch durch Rekristallisation oder Zurückführung in den Lösungszustand gestört werden.

4. Die auf diesem Wege erhaltenen Strukturen sind hochreckfähig. Die Rekkung kann dabei auf sehr unterschiedliche Weise erfolgen. Die angewendeten Verstreckgrade liegen oft über 100. Für das hier in den Grundzügen beschriebene Gelspinnverfahren sind inzwischen zahlreiche Varianten vorgeschlagen worden. Diese unterscheiden sich nur unwesentlich bezüglich der erreichten Materialkennwerte. Nach unseren Erfahrungen läßt der Gelspinnprozeß eine breite Variation der technologischen Bedingungen zu, wenn die dem Verfahren zugrunde liegenden Prinzipien der Strukturbildung beachtet werden.

Die entstehenden Strukturen sind denen der scherkristallisierten Fäden sehr ähnlich. Die gelgesponnenen PE-Fäden besitzen bemerkenswerte mechanische Eigenschaften. Die Abbildung 9 zeigt die spezifische Festigkeit und den spezifischen Modul von PE und einigen anderen organischen und anorganischen Fasern [15].

Schon aus diesem Vergleich geht hervor, welche hervorragende Position PE gegenüber der Konkurrenz einnimmt. PE-Fasern sind heute in der Lage, einen Bereich von 1 N/tex Festigkeit und 25 N/tex Modul an aufwärts abzudecken und lassen eine kontinuierliche Eigenschaftsvariation von der schmelzgesponnenen Faser bis hin zur Hochleistungsfaser zu. Als Einführungsprodukte sind heute bereits Fasern mit Festigkeiten um 3 N/tex und Moduli und 100 N/tex kommerziell erhältlich [15].

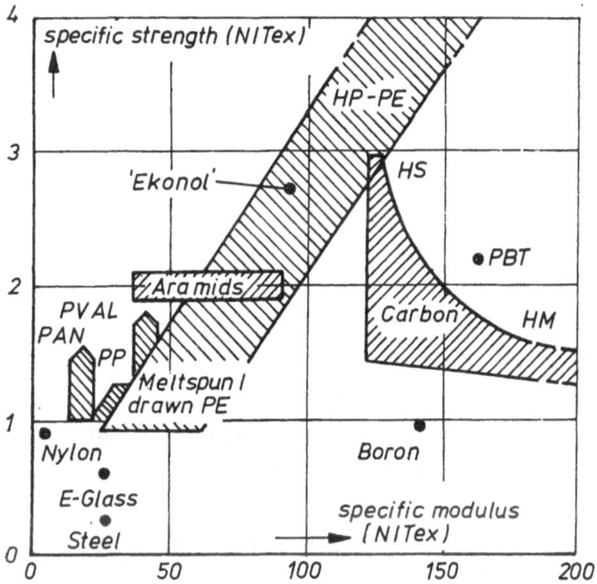

Abb. 9 Spezifische Festigkeit und spezifischer Modul ausgewählter anorganischer und organischer Fasern

Die gute spezifische Festigkeit und die geringe Dichte machen PE-Fasern für einige Anwendungsfälle besonders attraktiv. Das läßt sich gut an einem anschaulichen Vergleich der spezifischen Festigkeiten verschiedener Fäden erkennen. Ein PE-Seil mit 160 000 tex, das ist ein Seil mit dem Gewicht von 160 g/m, kann etwa 54 t tragen, ein Stahlseil des gleichen Gewichtes nur eine Last von 5,9 t (vgl. Abb. 10).

Analoge Schlußfolgerungen lassen sich anhand der freien Reißlänge ziehen. Diese beträgt für die PE-Hochleistungsfäden 336 km. Wegen der geringen Dichte ist die Reißlänge dieser Fäden in Wasser praktisch unendlich groß. Kevlar besitzt dagegen nur eine Reißlänge von 193 km, C-Fasern 171 km, Glasfasern 76 km und Stahl schließlich nur 37 km.

Hervorzuheben ist weiter die relative spezifische Energieaufnahme von Geweben aus hochfesten/hochmoduligen PE-Fäden. Diese schneiden hier besser ab, wie andere bisher auf diesem Sektor eingesetzte Materialien. In diesem Zusammenhang macht sich auch die inzwischen für PE-Fäden erreichte gute textile Verarbeitbarkeit günstig bemerkbar. Die Spleißneigung ist deutlich geringer als z. B. bei den Aramiden und den oben gezeigten scherkristallisierten Fäden. Bezüglich Knoten- und Schlingenfestigkeit liegt PE ebenfalls günstiger. Hinzu kommt, daß die Feuchtigkeitsempfindlichkeit geringer, die UV-Beständigkeit, die Abriebbeständigkeit, die Beständig-

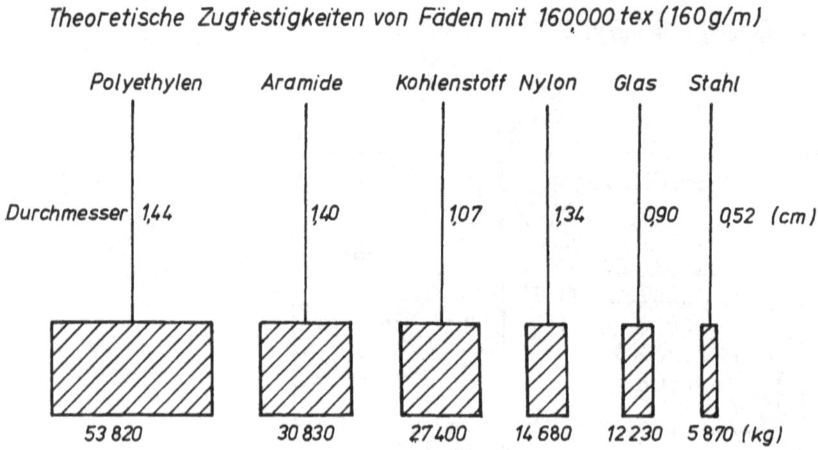

Abb. 10 Spezifische Belastbarkeit ausgewählter Materialien

keit gegenüber Chemikalien und die Isolationseigenschaften gut und vor allem beser als die der Aramidfasern sind.

Von erheblicher praktischer Bedeutung bei der Abschätzung des Gebrauchswertes und der Einsatzgrenzen hochfester/hochmoduliger PE-Fasern sind allerdings auch Eigenschaften, bei denen PE im Vergleich ungünstiger liegt. Hier sind zu nennen:

– Die niedrige Schmelztemperatur, die zwischen 145 und 155°C liegt und
– die Neigung des PE, sogenannten „kalten Fluß" zu zeigen, d. h. sich unter permanenter Belastung unterhalb der Bruchspannung irreversibel zu deformieren.

Bezüglich des Schmelzverhaltens muß man im wesentlichen die vergleichsweise niedrige Grenze hinnehmen.

Anders ist das bei der Kriechneigung, wo in jüngster Zeit auf verschiedenen Wegen überraschende Fortschritte erzielt werden konnten. Sie stellt heute kein Hindernis für einen breiten technischen Einsatz dar. Bei Hybridgarnen aus Aramiden mit hochfesten/hochmoduligen PE-Fasern konnte die Kriechneigung des PE voll kompensiert werden [15].

In der Gesamtbilanz überwiegen die Vorteile des PE gegenüber den traditionellen Glasfasern aber auch gegenüber den Hochleistungsmaterialien aus starrkettigen Polymeren. Selbst gegenüber den C-Fasern ergeben sich Vorteile in der textilen Verarbeitbarkeit, im Gewicht und vor allem bei den Herstellungskosten also insgesamt im Preis-Leistungsverhältnis.

Hinsichtlich der Entwicklung und Produktion von hochfesten-hochmoduligen Faserwerkstoffen auf Basis PE gibt es in der DDR günstige Voraussetzungen, verglichen mit den Aufwendungen die für alternative Produkte erforderlich sind.

Im IPOC werden Untersuchungen zur Strukturbildung flexibelkettiger Polymere unter Scher- und Reckeinfluß im Auftrag des CFK Schwarza durchgeführt, zu deren Leistungsumfang auch Grundlagenuntersuchungen zum Gelspinnprozeß gehören. Für die Weiterführung dieser Arbeiten ist vorgesehen, die an PE gewonnenen Erkenntnisse auf andere flexibelkettige Polymere, in erster Linie auf PAN, zu übertragen. Hierbei geht es sowohl um die Eigenschaftsverbesserung der textilen Wolpryla-Fasern und die Erweiterung deren Einsatzgebiete, als auch darum, ein besseres Precursormaterial für die Herstellung von Spezialfasern auf Basis PAN zu entwickeln.
Abschließend soll noch einmal herausgehoben werden, daß es vor allem wissenschaftliche Erkenntnisse der Grundlagenforschung zur Strukturbildung flexibelkettiger Polymere waren, die als Ausgangspunkt der Entwicklung hochfester/hochmoduliger Fasern aus flexibelkettigen Polymeren und speziell aus PE genutzt wurden. Diese Grundlagenkenntnisse stellen auch den Ausgangspunkt für weitere mögliche Entwicklungen der behandelten Arbeitsrichtung dar. Die speziellen Strukturen, aus gestreckten, parallel angeordneten Makromolekülen, die Basis der Fasern mit den besonderen mechanischen Eigenschaften sind, realisieren ein höheres Maß an Organisation der Polymermoleküle untereinander als es bei den traditionellen Polymerwerkstoffen erreichbar und erforderlich ist. Das konsequente weitere Verfolgen des Prinzips der verbesserten Organisation der Makromoleküle im polymeren Festkörper, das als nächstes nicht nur auf die Ausrichtung der Kettenachsen beschränkt bleibt, um die mechanischen Eigenschaften zu verbessern, sondern die immer perfektere räumliche Anordnung der Makromoleküle anstrebt, um die Funktion aktiver Gruppen auszunutzen, eröffnet den Polymeren weitere neue Anwendungsbereiche. Die große Vielfalt polymerer Strukturen bietet hier gute Voraussetzungen in dem Maße, wie die Gesetzmäßigkeiten polymerer Strukturbildung weiter erkannt und aktiv genutzt werden. Flüssig-kristalline Zustände, wie sie in einem breiteren Rahmen als hier erwähnt wurde im ITP in Dresden und an der TÚ Dresden bearbeitet werden, oder hochgeordnete, dünne Polymerschichten, die Gegenstand eines Initiativforschungsthemas im IPOC sind, versprechen für die Zukunft, daß Polymere einen festen Platz als Werkstoffe mit herausragenden mechanischen Eigenschaften, aber auch als aktive Bauelemente in solchen wichtigen Gebieten, wie der Sensor und Robotertechnik, der Datenübertragung und -speicherung und allgemein in der modernen Technik und Technologie einnehmen werden.

Literatur

[1] W. Carothers, J. W. Hill: J. Am. Chem. Soc. 54 (1932) 1586.
[2] H. Mark: Cellulose and Cellulose Derivates New York, Interscience, 1943.
[3] A. Keller: Rep. Prog. Phys. 31 (1968) 623.

[4] E. W. Fischer: Naturfoschung 2a (1957) 753.
[5] A. Peterlin: J. Material Sci. 6 (1971) 490.
[6] E. Walenta, D. Hofmann, D. Zenke, D. Geiß: Acta Polymerica in Vorbereitung.
[7] A. Peterlin: J. Polym. Sci. A-2 (1969) 1151.
[8] P. Smith: Macromolecules 16 (1983) 11, 1802–1803.
[9] S. L. Kwolek: (1971) U. S. Pat 3 600 350.
[10] A. Zwingenburg, A. J. Pennigs: Colloid and Polym. Sci 253 (1975) 542.
[11] A. J. Pennings: J. Polym. Sci. C 16 (1967) 1799.
[12] R. S. Porter: Polymer J. 15 (1983) 327.
[13] P. Smith, P. o. J. Lemstra: J. Mater. Sci 15 (1980) 505.
[14] P. J. Lemstra, N. A. J. M. van Aerle, C. W. M. Bastiannsen: Polymer Journ. 19 (1987) 85.
[15] R. Kirschbaum, H. Kasuda, E. H. M. Gorp: Chemiefasern/Textilindustrie 36 (1986) T 134.

Wolfgang Bobeth

Schlußwort

Ich möchte Ihnen für dieses Ehrenkolloquium recht herzlich danken, vor allem den Vorsitzenden der beiden Klassen, Herrn Professor Klare und Herrn Professor Lange. Die mir zuteil gewordene Ehrung hat mich tief beeindruckt. Mein besonderer Dank gilt Herrn Professor Rätzsch für die Laudatio sowie den beiden Referenten, die sehr Interessantes aus ihren Arbeitsgebieten vorgetragen haben.

Gestatten Sie mir noch einige persönliche Bemerkungen.

Ich bin in einer Zeit ins Berufsleben getreten, in der wir nach dem verheerenden Krieg gewissermaßen bei Null begannen. Diesen Anfang habe ich zunehmend engagiert miterlebt und konnte bald feststellen, daß die Aufwärtsentwicklung auch in meinem Arbeitsgebiet rasant war und daß wir zielgerichtet Forschungs- und Entwicklungsarbeiten durchführen konnten, die gebraucht und schnell überführt wurden. Im Laufe der Zeit wurden die F/E-Arbeiten anspruchsvoller und interessanter, aber waren auch viel schwerer praxiswirksam zu machen. Es ist das Problem unserer Zeit, daß immer mehr wichtige Aufgaben anstehen, die schnellstmöglich zu lösen, aber oft nur unter großen Schwierigkeiten realisierbar sind. Rückblickend kann ich für meine Person einschätzen, daß ich in den 50er und auch 60er Jahren am produktivsten F/E-Aufgaben bearbeiten konnte. Wie Sie der Laudatio entnehmen konnten, bin ich bereits in relativ jungen Jahren mit zusätzlichen Aufgaben in Lehre, Forschungsorganisation und freiwillig technischer Gemeinschaftsarbeit (KDT) betraut worden. Letztendlich erklärt sich das aus den Kriegsauswirkungen, die eine beträchtliche Dezimierung meiner Generation zur Folge hatten. Die Kollegen waren immer entweder beachtlich jünger oder älter als ich, gleichaltrige gab es nur wenige. Das spiegelt sich übrigens auch in den Berufungen der Akademiemitglieder wieder, bei denen meine Altersgruppe nur schwach vertreten ist.

Aber durch die Übernahme zusätzlicher Aufgaben, ich denke z. B. an die langjährige Arbeit mit dem ZAK „Textiltechnik" und an die interdisziplinäre Mitwirkung im Forschungsrat unter anfänglicher Leitung von Herrn Professor Thiessen (dem ich herzlich Dank sage, daß er zum Ehrenkolloquium erschienen ist), habe ich meine Kenntnisse beträchtlich erweitern können sehr

zum Nutzen meiner sonstigen Tätigkeit. Wenn ich heute oft als „großer Textilexperte" angesprochen werde, so verdanke ich das nicht zuletzt der Arbeit mit vorgenannten Gremien. Von Haus aus war ich der textilen Materialprüfung und insbesondere der Faserstoffbeschaffenheit und deren Modifizierung zugetan, wobei vor allem die Glasfaserstoffe und später auch ausgewählte Chemiefaserstoffe im Vordergrund standen. Durch diese langjährigen Gremienarbeiten, besonders mit dem ZAK „Textiltechnik", kam ich vor allem mit der technisch/technologischen Entwicklung der gesamten Textilindustrie in engen Kontakt. So haben wir z. B. noch in den 50er Jahren sehr darum gerungen, ob die Nähwirktechnik (Malimo) wegen des etwas höheren Fadenbedarfs als bei der Webtechnik einzuführen sei. Diese Technik wurde eingeführt und bestach damals vor allem durch ihre hohe Produktivität und Vielseitigkeit. Wenn man aber eine solche Technik über viele Jahre attraktiv erhalten will, muß man intensive „Produktpflege" betreiben, was heute auch geschieht, um den steigenden Ansprüchen der Anwender und der Konkurrenz gerecht werden zu können. Das Problem der genügenden Produktpflege ist aber weit verbreitet und reicht z. B. bis in das Bauwesen und sollte immer im Auge behalten werden.
Im Verlauf meines Lebens hat sich die Textilindustrie von einem extensiven zu einem der intensivsten Industriezweige entwickelt. Der chronische Arbeitskräftemangel konnte immer wieder durch modernste Technik kompensiert werden. Es wurden Probleme gelöst, die man früher nicht für lösbar hielt. Auch für das Gebiet der Chemiefaserstoffe möchte ich feststellen, daß bald nichts mehr unmöglich ist. Die synthetischen Faserstoffe, die anfangs neben sehr guten Eigenschaften auch Nachteile aufwiesen, werden immer besser. Wenn man der neuesten Fachliteratur Glauben schenken kann, werden manche Chemiefaserproduzenten bald auch die hygienischen Eigenschaften, das elektrische Verhalten, die Anschmutzbarkeit, spezielle Wünsche für technische Textilien usw. an synthetischen Faserstoffen bedarfsgerecht in ihr Typenprogramm mit einbeziehen. Die letzten Jahrzehnte haben in zunehmenden Maße gelehrt, daß man nichts mehr als unmöglich ansehen sollte.
Zu meiner Person möchte ich nachtragen, daß ich von der Schule unter dem Motto „Tue das Beste, was durch dich möglich ist" (I. Kant) verabschiedet wurde. Daran hielt ich mich, soweit das in meinen Kräften stand. Letzteres war ein Gesundheitsproblem im Zusammenhang mit einer ständigen Hypertonie, die sich steigerte. Keiner hat mir das im täglichen Umgang glauben wollen, da ich auch in kritischen Situationen meist ruhig blieb, kaum einmal „explodierte". Es hat sich mir gezeigt, daß man bei einer der Situation angepaßten Lebensweise auch mit einer Hypertonie seinen Mann stehen kann, wenn es auch mitunter gewisse Probleme zu überspielen gilt. Heute kann ich feststellen, daß ich mit dem Übergang in den Ruhestand (der ja eigentlich keiner ist) und der damit verbundenen Entlastung von Verantwortung und Problemen mannigfaltiger Art innerlich zur Ruhe gekommen bin,

so daß von medizinischer Seite kaum noch von Hypertonie gesprochen werden kann.
Lassen Sie mich noch etwas zu unserem Nachwuchs sagen. Zweifellos ist in den Anfängen unserer Entwicklung die Kadersituation schwieriger als in der Gegenwart gewesen. Einstellung und Einsatz bleiben aber nach wie vor eine diffizile Angelegenheit, die man einem Formalismus möglichst nicht unterwerfen sollte. Grundsätzlich wird die Meinung vertreten, daß ein wissenschaftlicher Absolvent mit dem Abschlußprädikat „Drei" nicht in ein Akademie-Institut eingestellt werden sollte. Schon gar nicht sollte einem solchen Absolventen die Gelegenheit zum Promovieren gegeben werden. Heute hat Herr Professor Beyreuther in seinem Vortrag mehrfach den Namen eines seiner kreativsten Mitarbeiter genannt. Diesen Kader hätten wir gemäß den angeführten Grundsätzen eigentlich nicht einstellen dürfen. Aber irgendwie haben wir damals Vertrauen in ihn gesetzt und er hat sich so entwickelt, daß er mit summa cum laude promovierte und auch einen Preis für Nachwuchswissenschaftler vom Präsidenten erhielt. Es dauerte nicht lange, da erhielt der gleiche Kader für eine ausgezeichnete Arbeit in diesem Raum die Achard-Medaille aus der Hand unseres Präsidenten. Dieses und weitere Beispiele sollten die Notwendigkeit unterstreichen, bei Einstellungen wissenschaftlicher Nachwuchskräfte neben dem Notenspiegel auch den Menschen ausreichend kennenzulernen und gegebenenfalls Vertrauen in ihn zu setzen. Das als wichtige Schlußbemerkung; denn die Nachwuchsfrage hat für eine kontinuierliche Institutsentwicklung primäre Bedeutung.
Abschließend versichere ich Ihnen, daß ich mich – wie gewünscht – weiter an den Klassen-Arbeiten beteiligen werde, so weit das meine Möglichkeiten zulassen. Vielen Dank!

Berichtigung

Seite 20, Zeile 17: Statt $\Delta_n = \text{const.} \cdot \varrho(T_v)$
lies $\Delta_n = \text{const.} \cdot \sigma(T_v)$

2010/88/6N Fadenbildung und Faserstrukturen
Dem Wirken Wolfgang Bobeths gewidmet

ISBN 3-05-500 522-8
ISSN 0138-3965

MIX
Papier | Fördert gute Waldnutzung
FSC® C083411

Zeitfracht Medien GmbH
Ferdinand-Jühlke-Straße 7
99095 Erfurt, Deutschland
produktsicherheit@kolibri360.de